新农村建设丛书

农村富余劳动力转移培训教材

车工实用技术（上）

曲　昕　主编

吉林出版集团股份有限公司
吉 林 科 学 技 术 出 版 社

图书在版编目（CIP）数据

车工实用技术（上）/曲昕主编
．—长春：吉林出版集团股份有限公司，2008.8
（新农村建设丛书．农村富余劳动力转移培训教材）
ISBN 978-7-80762-566-7

Ⅰ．车... Ⅱ．曲... Ⅲ．车削－技术培训－教材 Ⅳ．TG51

中国版本图书馆 CIP 数据核字（2008）第 136003 号

车工实用技术（上）

CHEGONG SHIYONG JISHU (SHANG)

主编　曲　昕

责任编辑　王　宇

印刷　三河市祥宏印务有限公司

开本　850mm×1168mm　　32 开本

印张　4　　字数　97 千

版次　2008 年 12 月第 1 版　　2019 年 3 月第 7 次印刷

吉林出版集团股份有限公司
吉 林 科 学 技 术 出 版 社　出版、发行

书号　ISBN 978-7-80762-566-7　　定价　16.00 元

地址　长春市人民大街 4646 号　　邮编　130021

电话　0431－88029858

电子邮箱　xnc408@163.com

《新农村建设丛书》编委会

农村富余劳动力转移培训教材编委会

车工实用技术（上）

主　编　曲　昕

编　者　姜　波　赵晓薇　王永利
　　　　范　丹　冯　鹏　李又李

出版说明

《新农村建设丛书》是一套针对“农家书屋”“阳光工程”“春风工程”专门编写的丛书，是吉林出版集团组织多家科研院所及千余位农业专家和涉农学科学者倾力打造的精品工程。

丛书内容编写突出科学性、实用性和通俗性，开本、装帧、定价强调适合农村特点，做到让农民买得起，看得懂，用得上。希望本书能够成为一套社会主义新农村建设的指导用书，成为一套指导农民增产增收、脱贫致富、提高自身文化素质、更新观念的学习资料，成为农民的良师益友。

目　　录

第一章 车工必备知识

第一节 国家标准《技术制图》的一些规定

一、图线（GB4457.4—84）

图线的型式及应用：图样的图形是由各种图线构成的。国家标准规定各种图线的名称、型式、代号、宽度以及在图样中的应用，见表1—1和图1—1。

表1—1 图线

图线名称	图线型式及代号	图线宽度	应用举例
粗实线	▬▬▬	b—0.5～2（mm）	可见轮廓线
虚线	————	约b/3	不可见轮廓线
细点划线	—— - ——	约b/3	轴线、对称中心线、轨迹线、节圆及节线
细实线	————	约b/3	尺寸线、尺寸界线、剖面线、重合剖面轮廓线、螺纹牙底线和齿轮齿根线、引出线、分界线及范围线
波浪线	∿∿	约b/3	断裂处的边界线、视图和剖视的分界线
双点划线	—— - - ——	约b/3	相邻辅助零件的轮廓线、极限位置的轮廓线、坯料的轮廓线或毛坯图中制成品的轮廓线、假想投影的轮廓线

二、比例

图中图形与其实物相应要素的线性尺寸之比。比例符号以“：”表示，比例有原值比例、放大比例、缩小比例，如1：1、5：1、1：2等。比例一般标注在标题栏中。不论采用何种比例，图中所标尺寸数值必须是实物的实际大小，与图形的比例无关，如图1－1所示。

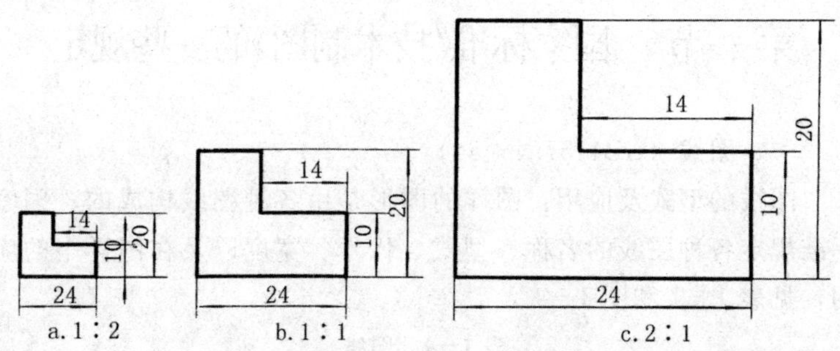

图1－1　图形比例与尺寸数字

三、尺寸注法

尺寸是制造机件的直接依据，识图时必须遵守，否则会给生产带来损失。

1. 尺寸标注的基本规则　机件的真实大小应以图样所注尺寸数字为依据，与图形比例及绘图准确度无关。图样中（包括技术要求和其他说明）的线性尺寸以毫米为单位，不需注写计量单位的代号和名称。若采用其他单位，则必须注明。

2. 尺寸的组成　尺寸由尺寸数字、尺寸线、尺寸界限、箭头等组成，如图1－2所示。

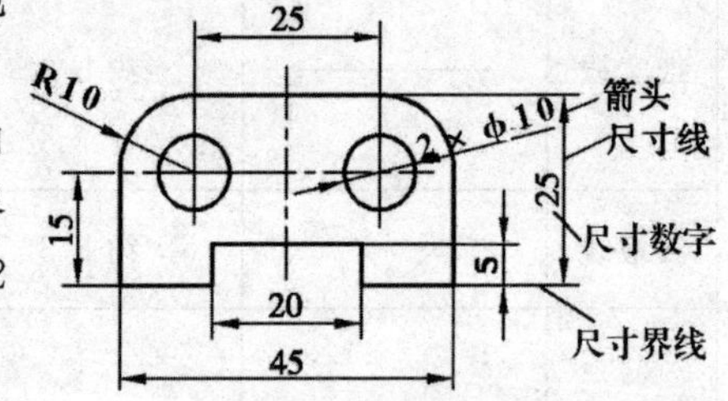

图1－2　尺寸标注

3. 尺寸标注常用的符号和缩写词

尺寸标注常用的符号和缩写词，见表1－2。

表 1—2　尺寸标注常用的符号和缩写词

名称	直径	半径	球直径	球半径	厚度	正方形	45°倒角	深度	沉孔或锪平	埋头孔	均布
符号和缩写词	ϕ	R	Sϕ	SR	t	□	C	T	⌴	∨	EQS

四、锥度

指零件表面的锥形程度，其大小为圆锥体的底圆直径与圆锥高度之比。如果是圆锥台，则为上下两底圆直径之差与锥台高之比。

标注锥度时，把比例前项化为 1，并以“1∶n”形式标注在锥面轮廓线的引出线上。锥度符号方向应与零件上锥度方向一致，如图 1—3 所示。

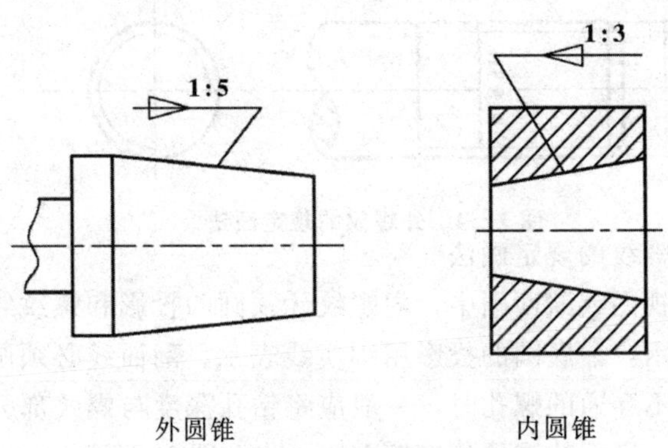

图 1—3　锥度的标注形式

五、螺纹的规定画法

螺纹是在圆柱或圆锥表面上沿螺旋线形成的具有相同剖面（三角形、梯形、锯齿形等）的连续凸起和沟槽。螺纹分外螺纹和内螺纹两种，成对使用。在圆柱或圆锥外表面上所形成的螺纹称外螺纹；在圆柱或圆锥内表面上加工的螺纹称内螺纹。

螺纹大径（d、D）、小径（d_1、D_1）和中径（d_2、D_2）是螺纹的三个直径参数。其中外螺纹大径 d 和内螺纹小径 D_1 亦称顶径。国家标准规定，普通螺纹的公称直径用螺纹大径的基本尺寸表示。

1. 螺纹的规定画法

由于螺纹的形状很复杂，所以无需将螺纹按真实投影画出，可采用规定画法以简化作图过程。

(1) 外螺纹的规定画法（图 1—4）

①外螺纹牙顶圆的投影用粗实线表示，牙底圆的投影用细实线表示（牙底圆的投影通常按牙顶圆投影的 0.85 倍绘制），螺杆的倒角或倒圆部分也应画出。

②在垂直于螺纹轴线的投影面的视图中，表示牙底圆的细实线只画约 3/4 圈，此时螺杆或螺孔上的倒角投影省略不画。

③螺纹终止线用粗实线表示。

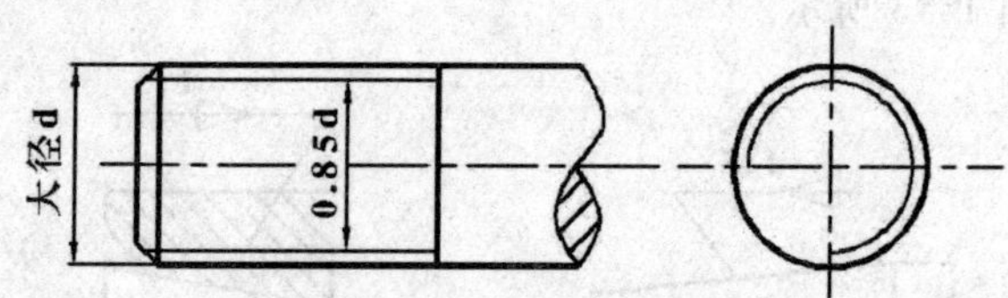

图 1—4 外螺纹的规定画法

(2) 内螺纹的规定画法

①在剖视图或断面图中，内螺纹牙顶圆的投影和螺纹终止线用粗实线表示，牙底圆的投影用细实线表示，剖面线必须画到粗实线。绘制不穿通的螺孔时，一般应将钻孔深度与螺纹部分的深度分别画出，底部的锥顶角应按 120°画出（图 1—5a）。

②不可见螺纹的所有图线用虚线绘制（图 1—5b）。

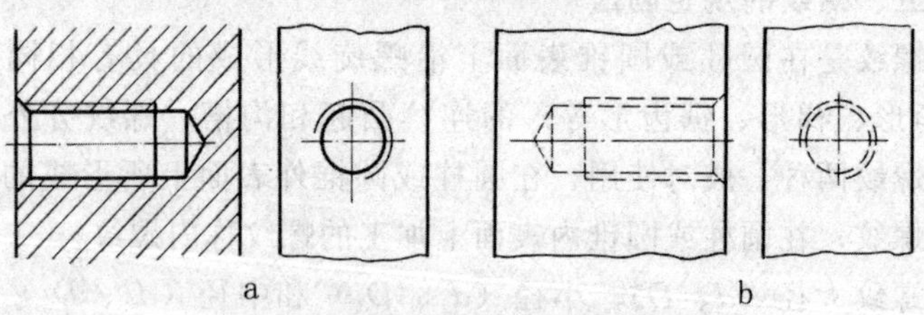

图 1—5 内螺纹的规定画法

a. 剖开的内螺纹 b. 不可见的内螺纹

（3）螺纹联接的画法　螺纹要素全部相同的内、外螺纹方能连接。在剖视图中，相互联接的内、外螺纹旋合部分应按外螺纹的画法绘制，其余部分应按各自的画法表示，如图1－6所示。

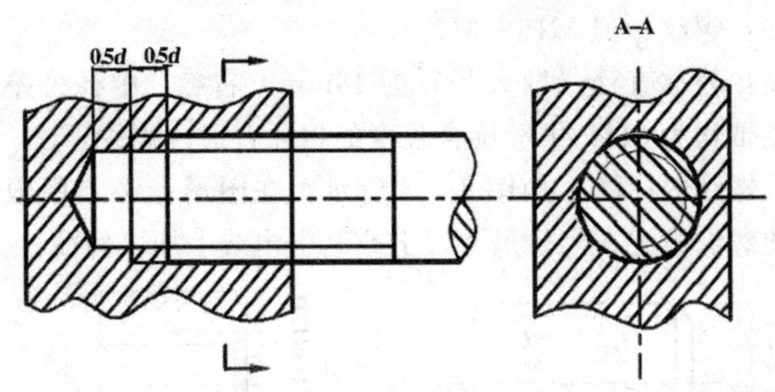

图1－6　螺纹联接的规定画法

2. 普通螺纹的标记和标注

螺纹的种类很多，如普通螺纹（有粗牙和细牙之分）、管螺纹、梯形和锯齿形螺纹等。不同种类螺纹的标记方法不同，这里仅介绍普通螺纹的标记。

（1）普通螺纹的标记　规定格式如下：

螺纹特征代号 公称直径×螺距　旋向－中径公差带 顶径公差带－螺纹旋合长度

↓　　　　　　　　　　　↓　　　　↓

螺纹代号　　　　　　　公差带代号　　旋合长度代号

——普通螺纹代号为M。粗牙普通螺纹不标注螺距（指相邻两牙在中径线上对应两点间的轴向距离），细牙普通螺纹标注螺距。螺纹有左旋和右旋（旋合时的旋转方向）之分，左旋螺纹以“LH”表示，右旋螺纹不标注旋向。

——公差带代号由中径公差带和顶径公差带（对外螺纹指大径公差带、对内螺纹指小径公差带）组成。大写字母代表内螺纹，小写字母代表外螺纹。若两组公差带相同，则只写一组。

——旋合长度分为短（*S*）、中等（*N*）、长（*L*）三种旋合长度。采用中等旋合长度时“*N*”省略不注。

例如：螺纹标记M16×1LH—5g6g—S

含义：公称直径（即大径）为 16mm，螺距为 1mm，左旋、中径公差带为 5g，顶径公差带为 6g，短旋合长度的细牙普通外螺纹。

例如：螺纹标记 M16—6H

含义：公称直径（即大径）为 16mm，右旋，中径公差带和顶径公差带均为 6H，中等旋合长度的粗牙普通内螺纹。

（2）螺纹的标注　如图 1－7 所示，在图形上必须用国家标准规定的螺纹标记在大径尺寸线上或其引出线上加以标注。

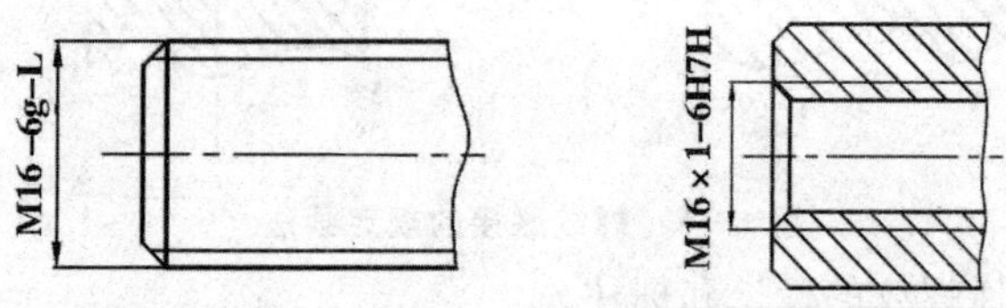

图 1—7　螺纹标注

第二节　零件加工的技术要求

零件在切削加工过程中，由于工艺系统的几何误差、受力变形和热变形等原因，常会使零件产生加工误差，这些误差的大小直接影响零件的使用性能和寿命，必须加以控制。为此，我国已经制定了相应的国家标准，在生产中必须严格执行和遵守。

在零件图上除了表达该零件形状的图形和表示其大小的尺寸外，还必须标注和说明制造零件时应达到的一些技术要求。这些技术要求包括尺寸精度、形状和位置精度、表面粗糙度、材料的热处理要求以及其他要求等。

一、尺寸精度

尺寸精度是指零件加工后的实际尺寸与理想尺寸相符合的程度。尺寸精度是用尺寸公差来保证的。尺寸公差是切削加工中零件实际尺寸允许的变动量。在基本尺寸相同的情况下，尺寸公差越小，则尺寸精度越高，加工越困难。

1. 尺寸术语

（1）基本尺寸（D、d）　设计给定的尺寸。大写字母代表孔的代号，小写字母代表轴的代号。基本尺寸是计算偏差和极限尺寸的起始尺寸。它只表示尺寸的基本大小，并不是在实际加工中要求得到的尺寸。如图1－8所示轴的直径ϕ30mm和长度70mm就是该轴直径的基本尺寸和长度的基本尺寸。

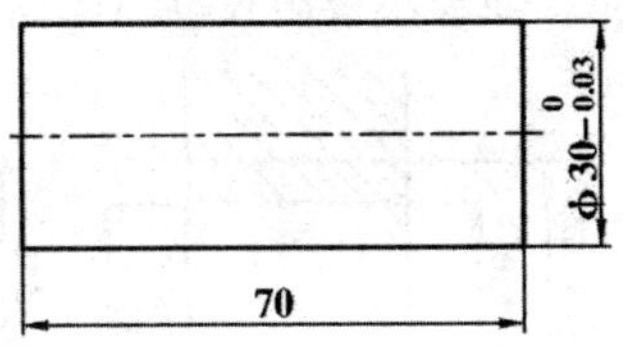

图1－8　基本尺寸

（2）实际尺寸　零件加工后通过测量所得到的尺寸。实际尺寸不是零件的真实尺寸。因为在测量的过程中，不可避免地存在各种误差。同时由于形状误差的影响，零件同一表面上不同部位的实际尺寸也不相等，如图1－9所示。

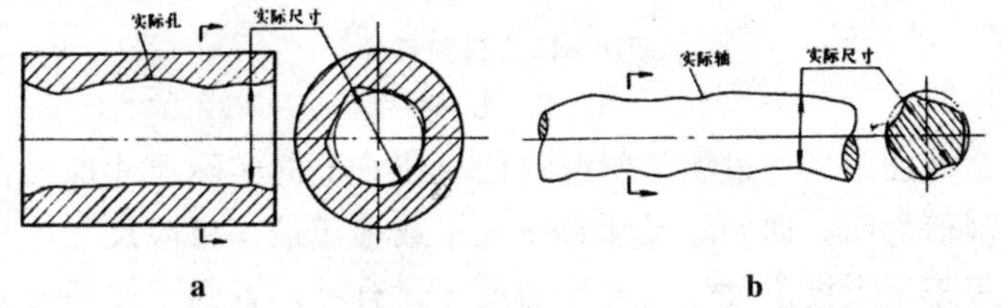

图1－9　实际尺寸

a. 孔的实际尺寸　b. 轴的实际尺寸

（3）极限尺寸　允许零件实际尺寸变化的两个界限值。其中较大的一个称为最大极限尺寸（D_{max}、d_{max}）；较小的一个称为最小极限尺寸（D_{min}、d_{min}）。极限尺寸是根据零件的使用要求确定的。在机械加工中，一方面由于各种误差的存在，如机床的误差、刀具的误差、量具的误差等，要把所有同规格的零件都加工成同一尺寸是不可能的。另一方面从使用的角度讲，也没有这个必要。极限尺寸可能大于、小于或等于基本尺寸，如图1－10所示。

图中：

孔基本尺寸（D）$=\phi30$mm，

孔最大极限尺寸（D_{max}）$=\phi30.021$mm；

孔最小极限尺寸（D_{min}）$=\phi30$mm，

轴基本尺寸（d）$=\phi30$mm；

轴最大极限尺寸（d_{max}）$=\phi30$mm；

轴最小极限尺寸（d_{min}）$=\phi29.979$mm。

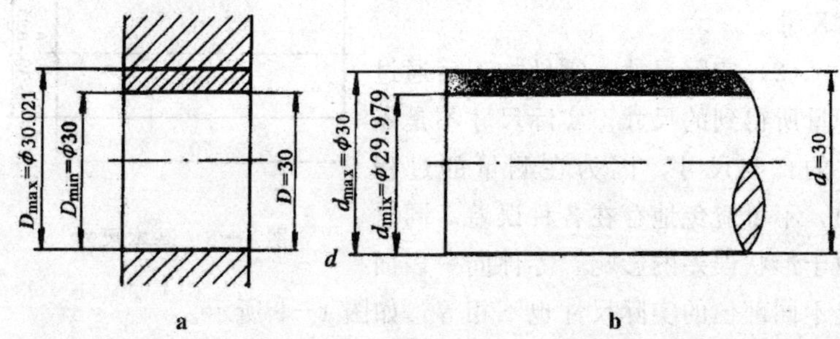

图 1—10　极限尺寸

a. 孔　b. 轴

零件加工后通过测量所得的任一位置上的实际尺寸都要在两个界限值之间，即实际尺寸必须大于或等于最小极限尺寸，且小于或等于最大极限尺寸，零件的尺寸才合格；否则零件的尺寸不合格。

2. 公差与偏差

(1) 尺寸偏差　简称偏差，是指某一尺寸减其基本尺寸所得的代数差。某一尺寸是指极限尺寸或实际尺寸，所以尺寸偏差包含极限偏差（上偏差和下偏差的统称）和实际偏差。

①上偏差（ES、es）　最大极限尺寸减其基本尺寸所得的代数差。

②下偏差（EI、ei）　最小极限尺寸减其基本尺寸所得的代数差。

③实际偏差　实际尺寸减其基本尺寸所得的代数差。

上偏差、下偏差用公式表示为：

孔：$ES = D_{max} - D$　　　　轴：$es = d_{max} - d$

$EI = D_{min} - D$　　　　　　$ei = d_{min} - d$

如图 1－11 所示：

孔：上偏差 $ES = D_{max} - D = (30.028 - 30)\ mm = +0.028mm$

下偏差 $EI = D_{min} - D = (30.007 - 30)\ mm = 0.007mm$

轴：上偏差 $es = d_{max} - d = (29.993 - 30)\ mm = -0.007mm$

下偏差 $ei = d_{min} - d = (29.980 - 30)\ mm = -0.020mm$

因为极限尺寸和实际尺寸可能大于、小于或等于基本尺寸，所以偏差可以为正值、负值或零。计算时偏差数值前必须带有正、负号。零件加工后的实际偏差在上偏差和下偏差之间，零件尺寸为合格，否则零件尺寸不合格。

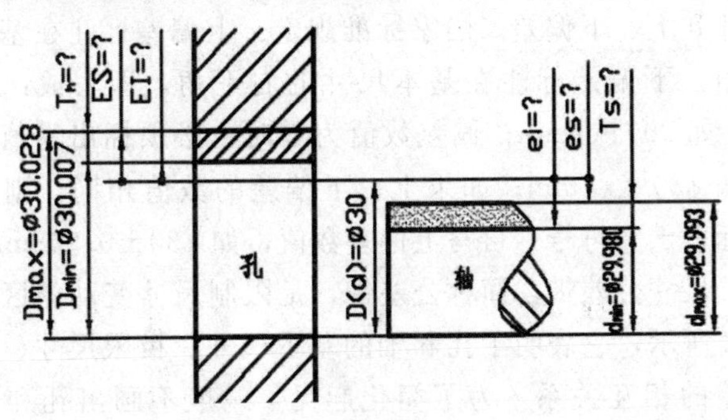

图 1－11　极限偏差与公差

(2) 尺寸公差（T_h、T_s）　简称公差，是允许实际尺寸的变动量。公差表示一批零件的尺寸允许变动的范围，这个范围大小的数量值就是公差值（此数值是绝对值）。其表达式为：

公差＝最大极限尺寸－最小极限尺寸

或：公差＝上偏差－下偏差

写成公式：

孔：$T_h = D_{max} - D_{min} = ES - EI$

轴：$T_s = d_{max} - d_{min} = es - ei$

如图 1－11 所示孔公差：

$T_h = D_{max} - D_{min} =$（30.028－30.007）mm＝0.021mm

或：$T_h = ES - EI =$［（＋0.028）－（＋0.007）］mm＝0.021mm

轴公差：

$T_s = d_{max} - d_{min} =$（29.993－29.980）mm＝0.013mm

或：$T_s = es - ei =$［（－0.007）－（－0.020）］mm＝0.013mm

注意：公差值不能为零。从加工的角度看，基本尺寸相同的零件，公差值越大，即允许的加工误差就越大，加工就越容易，否则加工越困难。

在零件图上，有公差要求的一些较重要的尺寸，需要标注出基本尺寸和上、下偏差。国家标准规定：上偏差标注在基本尺寸的右上角，下偏差标注在基本尺寸的右下角，即写成：基本尺寸$^{上偏差}_{下偏差}$，如 $20^{+0.043}_{+0.010}$mm；偏差数值为零时也必须标出零值，不能省略，如 $\phi 30^{0}_{-0.021}$mm；如果上、下偏差的数值相同，则在基本尺寸后标“±”符号，再写上偏差数值，如 ϕ30±0.008mm。

(3) 尺寸公差带，简称公差带，是限制尺寸变动的区域。如图 1－12 所示，它表明了孔和轴的基本尺寸、极限尺寸、极限偏差与公差的相互关系。为了简化起见，一般不画出孔和轴的全部，而只画出孔或轴的上偏差和下偏差所限定的区域，这样的简图称为公差带图。在公差带图中，用一条直线表示基本尺寸，称为零线。正偏差位于零线上方，负偏差位于零线下方，偏差值为零时则与零线重合。如图 1－13 所示。

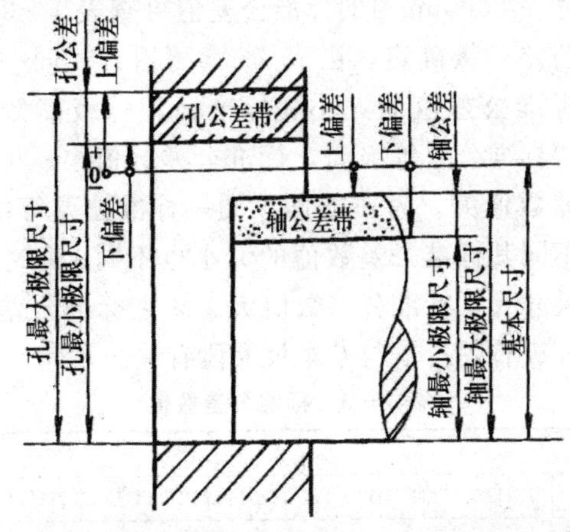

图 1－12　基本尺寸、极限尺寸、极限偏差与公差

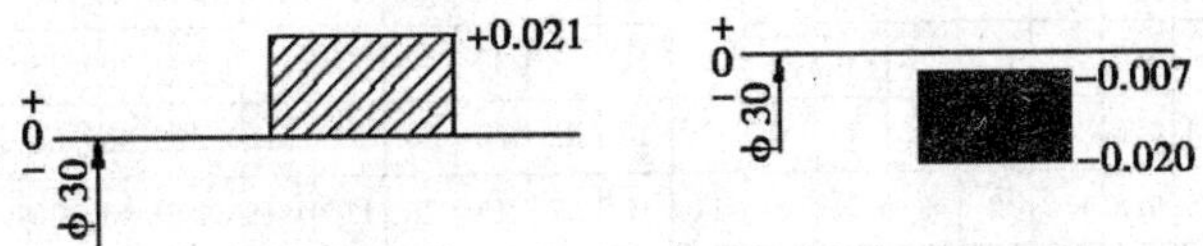

图 1－13　尺寸公差带图

3. 标准公差和基本偏差

国家标准规定：公差带由标准公差和基本偏差两个要素组成。标准公差确定公差带的大小，基本偏差确定公差带的位置。

（1）标准公差　国家标准表列出的，用以确定公差带大小的任一公差。

标准公差（基本尺寸在 500mm 内）共分为 20 个等级，它们分别用 IT01、IT0、IT1……IT17、IT18 代号来表示。其中 IT01 级精度最高，IT18 级精度最低。随着公差等级从 IT01 到 IT18 依次降低，而相应的标准公差值依次加大。即

高←公差等级→低

IT01、IT0、IT1……IT18

小←标准公差值→大

基本尺寸在 500mm 内的标准公差值可查表 1－3 得到，它由基本尺寸和公差等级确定。由表 1－3 可看出：同一基本尺寸的孔和轴，其标准公差值的大小随标准公差等级高低的不同而不同，也就是说标准公差等级高，标准公差数值小；标准公差等级低，标准公差数值大。另一方面，同一标准公差等级的孔与轴，随基本尺寸不同其标准公差数值的大小也不同，尺寸小，标准公差数值小；尺寸大，标准公差数值大。总之标准公差的数值，一与标准公差等级有关；二与基本尺寸段有关。

表 1－3　标准公差数值

基本尺寸(mm)		公差等级																			
		IT01	IT0	IT1	IT2	IT3	IT4	IT5	IT6	IT7	IT8	IT9	IT10	IT11	IT12	IT13	IT14	IT15	IT16	IT17	IT18
大于	至	μm													mm						
—	3	0.3	0.5	0.8	1.2	2	3	4	6	10	14	25	40	60	0.10	0.14	0.25	0.40	0.60	1.0	1.4
3	6	0.4	0.6	1	1.5	2.5	4	5	8	12	18	30	48	75	0.12	0.18	0.30	0.48	0.75	1.2	1.8
6	10	0.4	0.6	1	1.5	2.5	4	6	9	15	22	36	58	90	0.15	0.22	0.36	0.58	0.90	1.5	2.2
10	18	0.5	0.8	1.2	2	3	5	8	11	18	27	43	70	110	0.18	0.27	0.43	0.70	1.10	1.8	2.7
18	30	0.6	1	1.5	2.5	4	6	9	13	21	33	52	84	130	0.21	0.33	0.52	0.84	1.30	2.1	3.3
30	50	0.6	1	1.5	2.5	4	7	11	16	25	39	62	100	160	0.25	0.39	0.62	1.00	1.60	2.5	3.9
50	80	0.8	1.2	2	3	5	8	13	19	30	46	74	120	190	0.30	0.46	0.74	1.20	1.90	3.0	4.6
80	120	1	1.5	2.5	4	6	10	15	22	35	54	87	140	220	0.35	0.54	0.87	1.40	2.20	3.5	5.4
120	180	1.2	2	3.5	5	8	12	18	25	40	63	100	160	250	0.40	0.63	1.00	1.60	2.50	4.0	6.3
180	250	2	3	4.5	7	10	14	20	29	46	72	115	185	290	0.46	0.72	1.15	1.85	2.90	4.6	7.2
250	315	2.5	4	6	8	12	16	23	32	52	81	130	210	320	0.52	0.81	1.30	2.10	3.20	5.2	8.1
315	400	3	5	7	9	13	18	25	36	57	81	140	230	360	0.57	0.89	1.40	2.30	3.60	5.7	8.9
400	500	4	6	8	10	15	20	27	40	63	97	155	250	400	0.63	0.97	1.55	2.50	4.00	6.3	9.7

（2）基本偏差　用以确定公差带相对于零线位置的上偏差或下偏差，一般以靠近零线的那个偏差为基本偏差。即公差带在零线上方，其下偏差为基本偏差；公差带在零线下方，其上偏差为基本偏差。

国家标准对孔和轴公差带的位置进行了标准化，标准中规定了孔、轴各有 28 种公差带的位置，分别用不同的拉丁字母表示。

大写字母表示孔，小写字母表示轴。图 1—14 是孔和轴的基本偏差系列图。

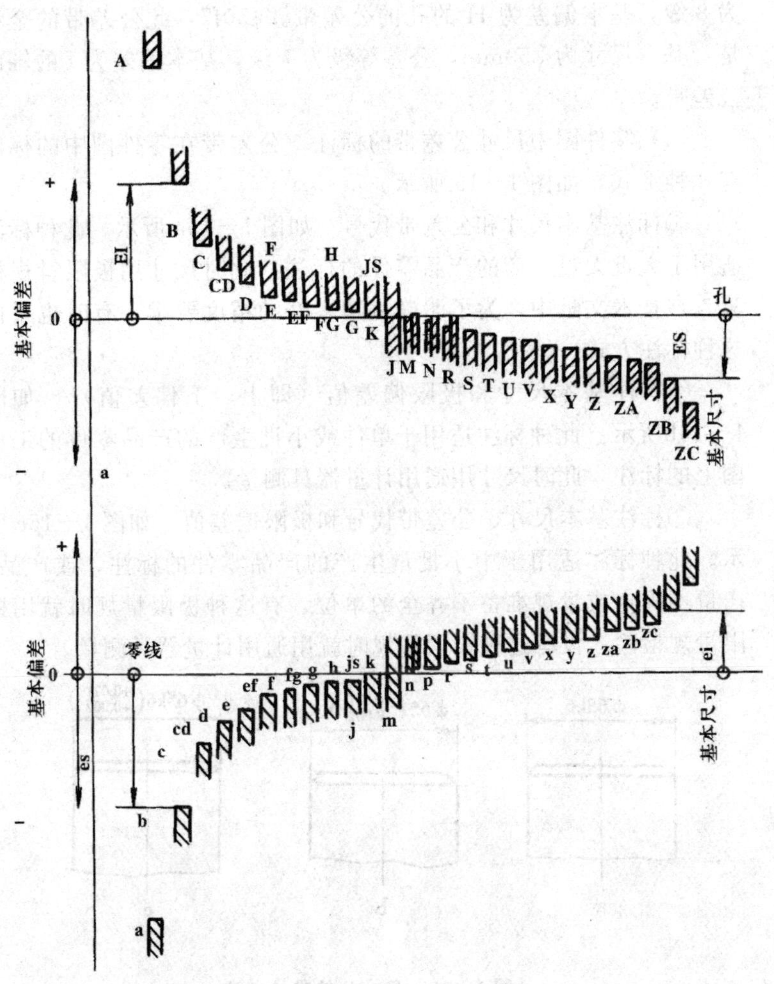

图 1—14 孔和轴的基本偏差系列

(3) 公差带代号　孔、轴的公差带代号由基本偏差代号和公差等级数字组成。例如 H8、F7、K7、P6 等为孔的公差带代号；

h7、f6、r6、g6 等为轴的公差带代号。

ϕ20H8，此公差带的全称是：基本尺寸为 ϕ20mm，公差等级为 8 级，基本偏差为 H 的孔的公差带。ϕ50f7，此公差带的全称是：基本尺寸为 ϕ50mm，公差等级为 7 级，基本偏差为 f 的轴的公差带。

(4) 零件图中尺寸公差带的标注　公差带在零件图中的标注有 3 种形式，如图 1－15 所示。

①标注基本尺寸和公差带代号　如图 1－15a 所示。此种标注适用于大批大量生产的产品零件的标注，此时尺寸用极限量规检验。在技术文献中，为了明确表达零件的精度要求，有时也采用这种标注方式。

②标注基本尺寸和极限偏差值（即上、下偏差值）　如图 1－15b所示。此种标注适用于单件或小批生产的产品零件的工作图上的标注，此时尺寸用通用计量器具测量。

③标注基本尺寸、公差带代号和极限偏差值　如图 1－15c 所示。此种标注适用于中小批量生产的产品零件的标注，或产品、产量不固定或量规准备不齐全的单位，有这种极限量规时就用极限量规检验，没有这种极限量规时就用通用计量器具测量。

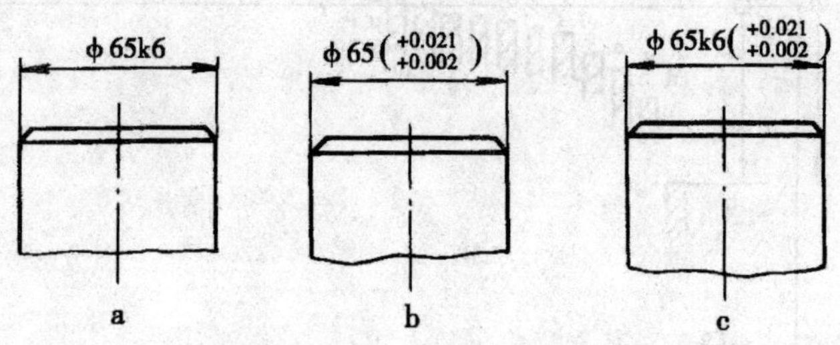

图 1－15　尺寸公差带的标注

a. 标公差带代号　b. 标上、下偏差值　c. 标公差带代号和上、下偏差值

4. 配合及配合的基准制

(1) 配合　是指基本尺寸相同、相互结合的孔和轴公差带之

间的关系。根据组成配合的孔和轴公差带之间的关系，配合可分为间隙配合、过盈配合和过渡配合 3 种。

间隙配合是具有间隙的配合，此时孔的公差带位于轴的公差带之上，如图 1－16 所示。过盈配合是具有过盈的配合，此时孔的公差带位于轴的公差带之下，如图 1－17 所示。过渡配合是可能具有间隙或过盈的配合，孔的公差带与轴的公差带相互交叠，如图 1－18 所示。

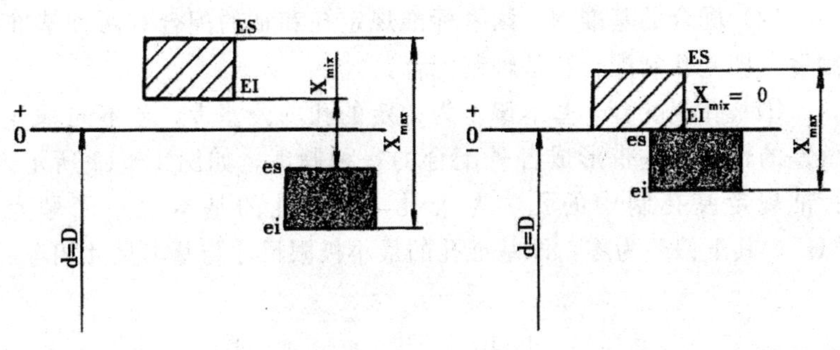

图 1－16　间隙配合

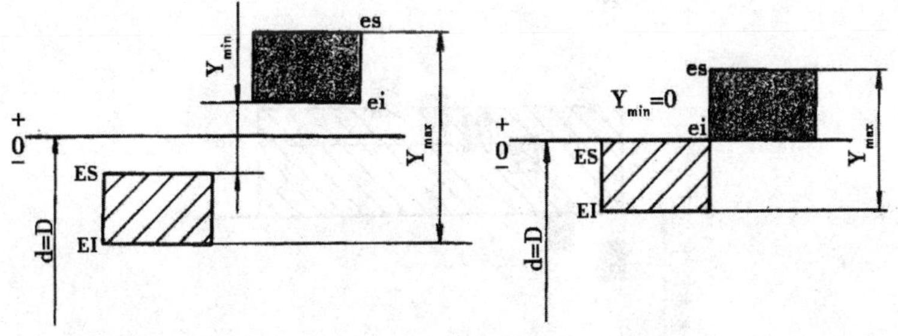

图 1－17　过盈配合

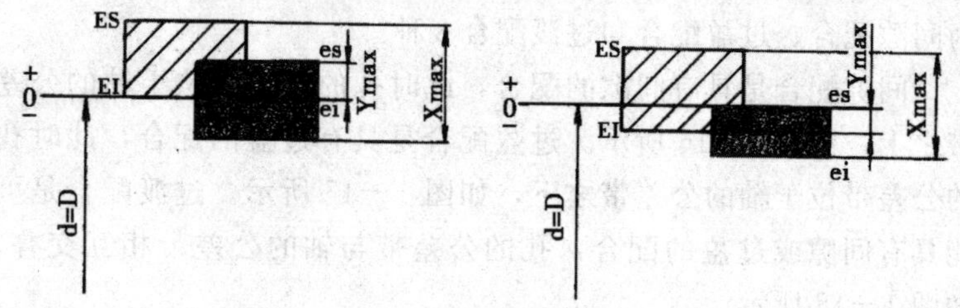

图 1－18　过渡配合

（2）配合的基准制　国家标准规定孔和轴的配合有两种基准制度，即基孔制配合和基轴制配合。

①基孔制配合　基本偏差为一定的孔的公差带，与不同基本偏差的轴的公差带形成各种配合的一种制度，如图 1－19 所示。标准规定基孔制中的孔为基准孔，基准孔的基本偏差代号为“H”，其下偏差为零，即基准孔的最小极限尺寸与基本尺寸相等。

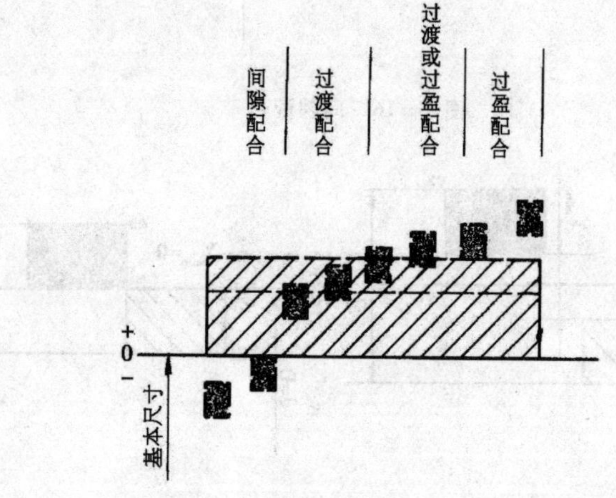

图 1－19　基孔制

②基轴制配合　基本偏差为一定的轴的公差带，与不同基本偏差的孔的公差带形成各种配合的一种制度，如图 1－20 所示。标准规定基轴制中的轴为基准轴，基准轴的基本偏差代号为

"h"，其上偏差为零，即基准轴的最大极限尺寸与基本尺寸相等。

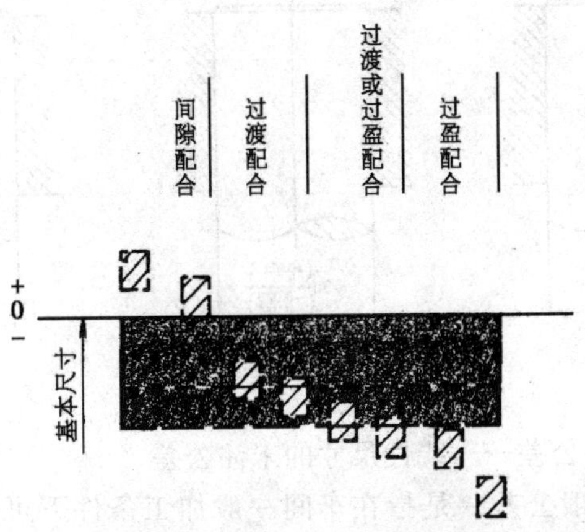

图 1-20 基轴制

国家标准规定，优先采用基孔制配合，因为在中小尺寸加工中可以减少定值刀具和量具的数量。只有在特殊情况下才采用基轴制配合。

（3）配合代号 是由孔和轴的公差带代号组成，写成分数形式，分子为孔的公差带代号，分母为轴的公差带代号。例如：$\phi 50\,\frac{H8}{f7}$或 ϕ30H7/g6

$\phi 50\,\frac{H8}{f7}$是配合代号。它表示基本尺寸为 ϕ50mm，基孔制，公差等级孔为 8 级，轴为 7 级，轴的基本偏差为 f 的间隙配合。

（4）配合在图样上的标注 与零件图中尺寸公差带的标注相适应，配合在装配图上的标注形式也有 3 种，如图 1-21 所示。

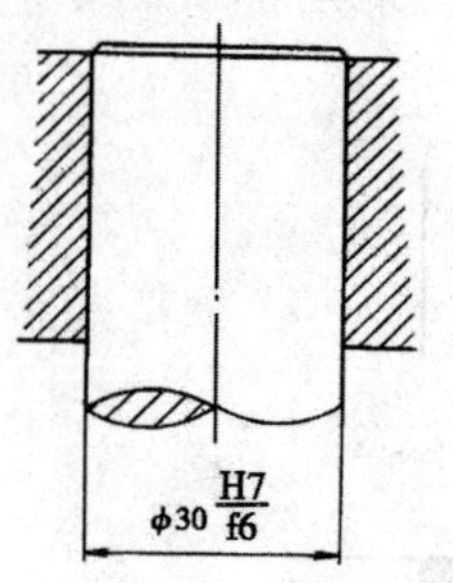

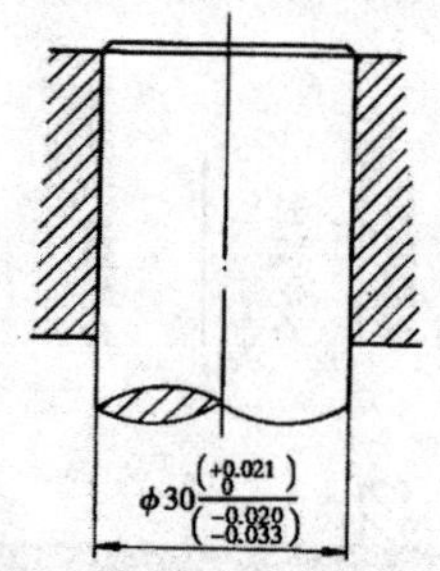

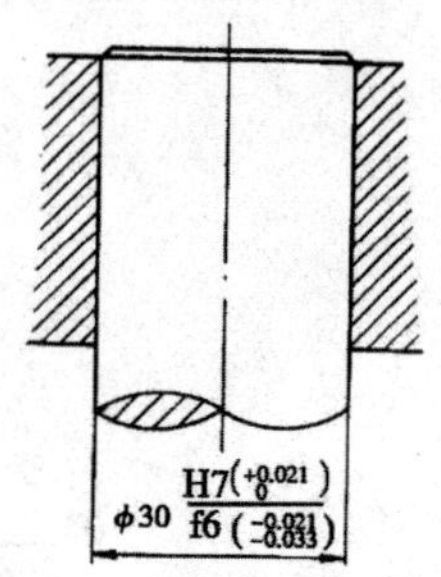

图 1－21　配合的标注

5. 一般公差——线性尺寸的未注公差

(1) 一般公差　是指在车间一般加工条件下可保证的公差。采用一般公差的尺寸，只标注其基本尺寸，不直接标出其极限偏差值。为此使图样更清晰易读，突出了图样上注出公差的尺寸，而注出公差的尺寸大多是重要的且需要控制的尺寸，便于在加工和检验时引起重视。

(2) 一般公差的应用　一般公差主要用于低精度的非配合尺寸。一般可不检验，主要由工艺装备和加工者自行控制。

(3) 一般公差的等级　线性尺寸的一般公差有 4 个公差等级，即 f（精密级）、m（中等级）、c（粗糙级）、v（最粗级）。未注线性尺寸的极限偏差数值见表 1－4。

表 1－4　标准公差数值

公差等级	尺寸分段							
	0.5～3	＞3～6	＞6～30	＞30～120	＞120～400	＞400～1000	＞1000～2000	＞2000～4000
f（精密级）	±0.05	±0.05	±0.1	±0.15	±0.2	±0.3	±0.5	—
m（中等级）	±0.1	±0.1	±0.2	±0.3	±0.5	±0.8	±1.2	±2
c（粗糙级）	±0.2	±0.3	±0.5	±0.8	±1.2	±2	±3	±4
v（最粗级）	—	±0.5	±1	±1.5	±2.5	±4	±6	±8

(4) 线性尺寸一般公差的表示方法可在图样上或技术文件中用国标号和公差等级代号表示，例如，当一般公差选用中等级

时，可在零件图上标明，未注公差尺寸按 GB/T1804—m。

二、形状和位置精度

零件加工后，除了尺寸精度必须保证外，还有零件的形状精度和位置精度也应达到设计要求。如图 1—22 所示齿轮轴加工后的形状，轴线弯曲，存在形状误差；轴线与端面不垂直，存在位置误差。

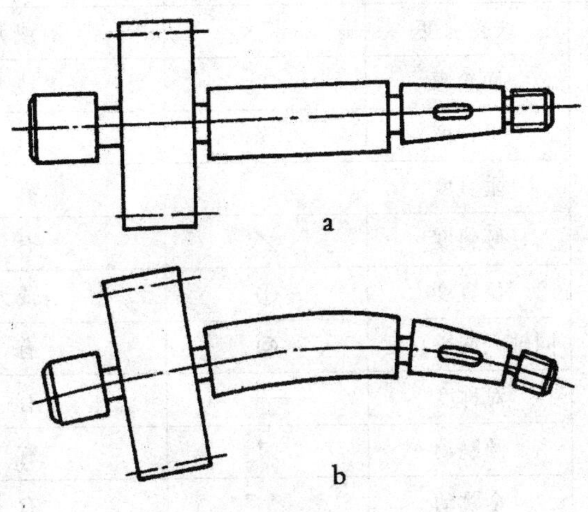

图 1—22　齿轮轴加工后的形状

a. 零件的理想形状　b. 零件的实际形状

形状和位置精度是指零件加工后零件本身的实际形状和实际位置与理想形状和理想位置的符合程度。形状和位置精度是用形状和位置公差来保证的，形状公差是指实际形状对理想形状的允许变动量；位置公差是指实际位置对理想位置的允许变动量，两者简称为形位公差。

1. 形位公差特征项目符号

形位公差特征项目符号见表 1—5 所示，分为形状公差、形状形位公差特征项目符号或位置公差和位置公差 3 大类。形位公差特征项目共 14 项，分别用 14 个符号表示。

表 1—5 形位公差项目及符号

公差	特征项目	符号	有或无基准要求
形状	直线度	—	无
	平面度	▱	无
	圆度	○	无
	圆柱度	⌭	无
形状或位置	线轮廓度	⌒	有或无
	面轮廓	⌓	有或无
位置	平行度	//	有
	垂直度	⊥	有
	倾斜度	∠	有
	位置度	⌖	有或无
	同轴（同心）度	◎	有
	对称度	⌯	有
	圆跳动	↗	有
	全跳动	⌰	有

2. 形位公差的代号

国家标准规定：在零件图上标注形位公差应采用代号标注。当无法用代号标注时，允许在技术要求中用文字说明。

形位公差代号包括：形位公差项目的符号；框格和指引线；形位公差数值和其他符号；基准符号。最基本的代号如图 1—23 所示，基准符号如图 1—24 所示。

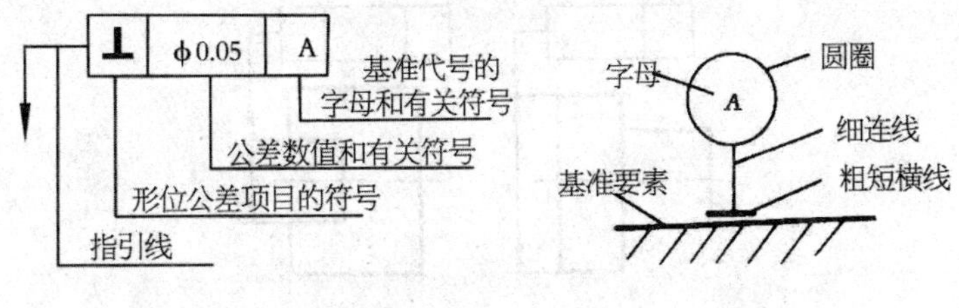

图 1—23　形位公差代号　　**图 1—24　基准代号**

3. 形位公差的基本标注方法

(1) 被测要素的基本标注　被测要素是指图样上给出了形状或(和)位置公差要求的要素。被测要素是检测对象，国家标准规定：图样上用带箭头的指引线将被测要素与公差框格一端相连，指引线的箭头应垂直地指向被测要素。

①被测要素为直线或表面的标注　当被测要素为直线或表面时，指引线的箭头应指到该直线或表面的轮廓线或轮廓线的延长线上，并与尺寸线明显地错开，如图 1—25 所示。

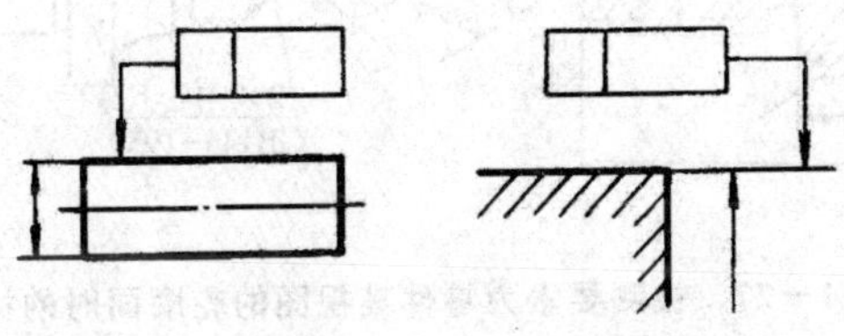

图 1—25　被测要素是轮廓要素时的标注

②被测要素为轴线、球心或对称中心面、对称中心线的标注　当被测要素为轴线、球心或对称中心面、对称中心线时，指引线的箭头应与该要素的轮廓要素的尺寸线对齐，如图 1—26 所示。

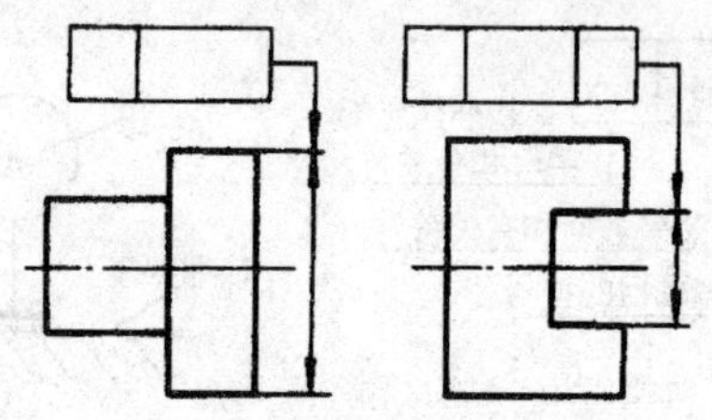

图 1—26　被测要素是中心要素时的标注

③被测要素为零件某视图的实际表面时的标注　可以用圆点标注在该表面上，并将指示箭头指向该圆点的连线上，如图 1—27所示。

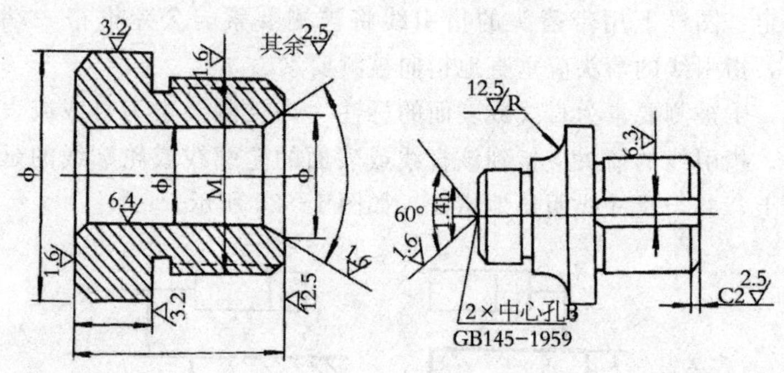

图 1—27　被测要素为零件某视图的轮廓面时的标注

(2) 基准要素的基本标注　基准要素是用来确定被测要素的方向或（和）位置的要素。对于有位置公差要求的被测要素，它的方向和位置是由基准要素来确定的。如果没有基准，显然被测要素的方向和位置就无法确定。国标规定，在图样上基准要素用基准符号表示。

①基准要素是轮廓线或表面时的标注　基准要素是轮廓线或表面时，基准符号的短粗实线应靠近该轮廓线或其延长线上，并与尺寸线明显地错开，如图 1—28 所示。

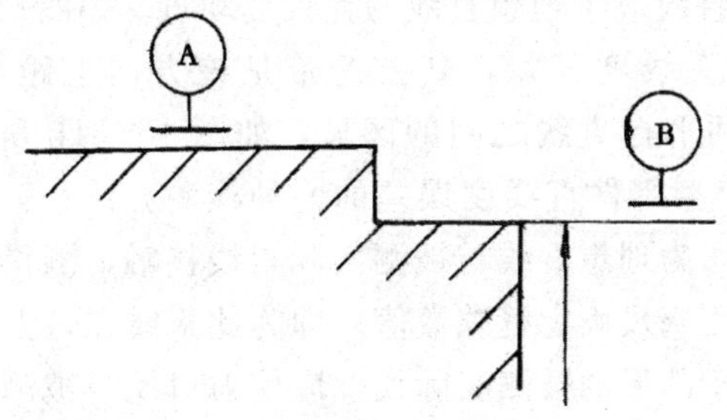

图 1—28　被测要素是中心要素时的标注

②基准要素为轴线、球心或对称中心面、对称中心线　当基准要素为轴线、球心或对称中心面、对称中心线时，则基准符号中的连线必须与相应的尺寸线对齐，若尺寸线处画不下两个箭头可用短横线代替，如图 1—29 所示。

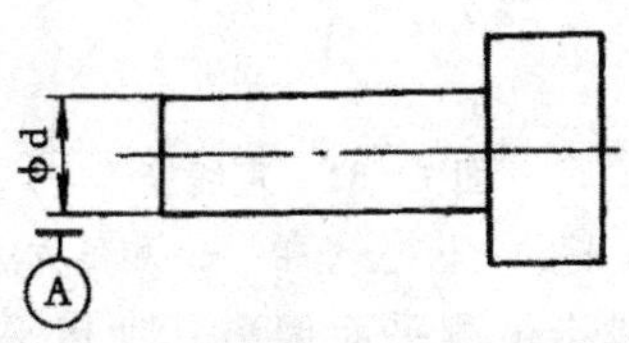

图 1—29　基准要素是中心要素时的标注

(3) 被测要素为零件某视图的实际表面时的标注　可以用圆点标注在该表面上，并将基准符号置于其连线上，如图 1—30 所示。

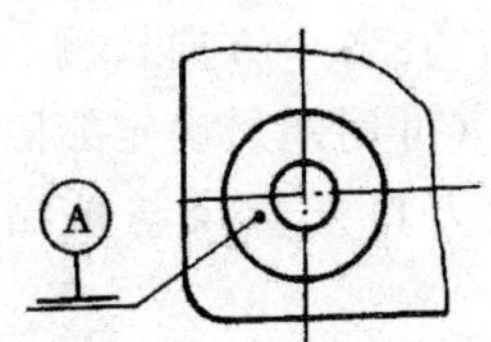

图 1—30　基准要素为零件某视图的轮廓面时的标注

4. 轴、套类零件加工中需保证的几项形位精度及其测量

(1) 直线度　是指被测直线偏离其理想直线的程度。直线度

公差是被测直线对于理想直线的允许变动量。如图1－31a所示为给定方向的直线度公差，其公差带是该方向上距离为公差值0.03mm的两平行直线之间的区域，如图1－31b所示。图1－31c所示为小型零件直线度误差的一种检测方法——透光法。将刀口形直尺作为理想直线与被测实际素线接触，测得的透光缝隙的大小（可用塞尺确定缝隙数值）即为此素线在该方向上的直线度误差。对于凸形的被测实际线，应使刀口尺与被测实际线两端的间隙大小相等，以符合测量的最小条件。

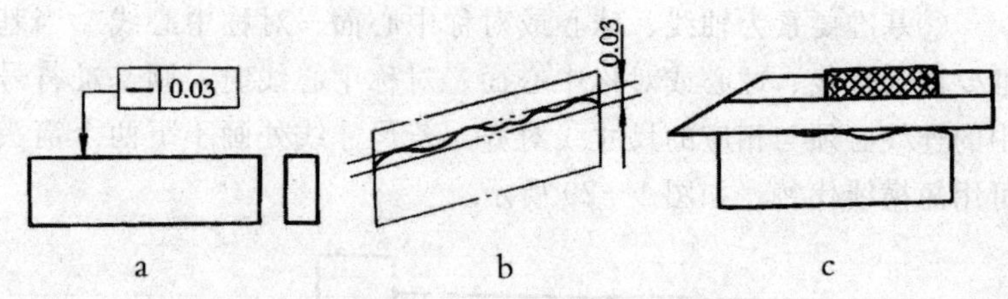

图1－31 直线度

a. 标注 b. 公差带 c. 测量方法

（2）平面度 是指被测平面偏离其理想平面的程度。平面度公差是被测平面相对理想平面的允许变动量。如图1－32a所示为平面度的标注。图中平面度公差是距离为公差值0.05mm的两平行平面之间的区域，如图1－32b所示。图1－32c所示为小型零件（轴类件的端面）平面度误差的一种简易测量方法。将刀口形直尺与被测平面接触，在各个方向检测，其中最大缝隙的数值，即近似为平面度误差（可用塞尺确定缝隙数值）。对于凸形平面测量时，同样要注意刀口形直尺与被测平面的两端间隙大小相等。

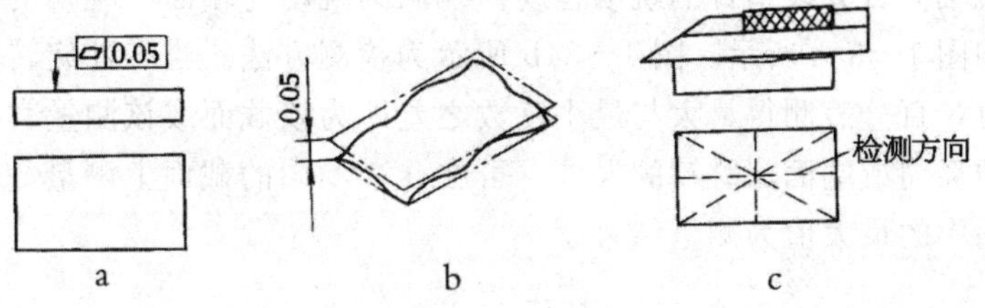

图 1－32　平面度

a. 标注　b. 公差带　c. 测量方法

（3）同轴度　同轴度是指零件上被测轴线相对于基准轴线的偏离程度。同轴度误差是用同轴度公差来保证的。如图 1－33a 所示为同轴度公差的标注。该同轴度公差带是以公差值 0.03mm 为直径且与基准轴线同轴的圆柱内的区域，如图 1－33b 所示。图 1－33c 为同轴度误差的一种检测方法。将基准 A、B 轮廓表面的中间截面安放在两等高的刃口 V 形架上，取上、下两个百分表在垂直于基准轴线的正截面上所测得的各对应点的数值 M_a、M_b，取 $|M_a - M_b|$ 作为在该截面上的同轴度误差；再转动零件，按上述方法测若干截面，取各截面测得的读数差中的最大值作为该零件的同轴度误差。

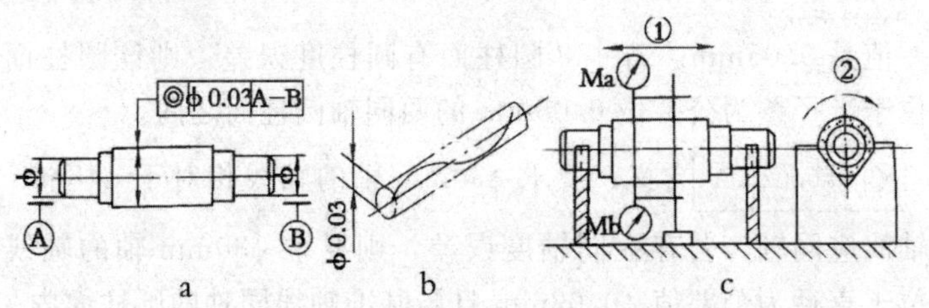

图 1－33　同轴度

a. 标注　b. 公差带　c. 测量方法

（4）圆跳动　是指在被测圆柱面的任意截面上或端面的任意直径处，在无轴向移动的情况下围绕基准轴线回转一周时沿径向或轴向百分表指针的跳动程度。径向圆跳动与端面圆跳动的标注如图 1－34a 所示。图 1－34b 所示为检测方法。当零件旋转一周时，百分表测得最大与最小读数之差即为该截面或该测量直径处的径向或端面圆跳动的误差。可在几个不同的截面上测量，取跳动中的最大值为测量结果。

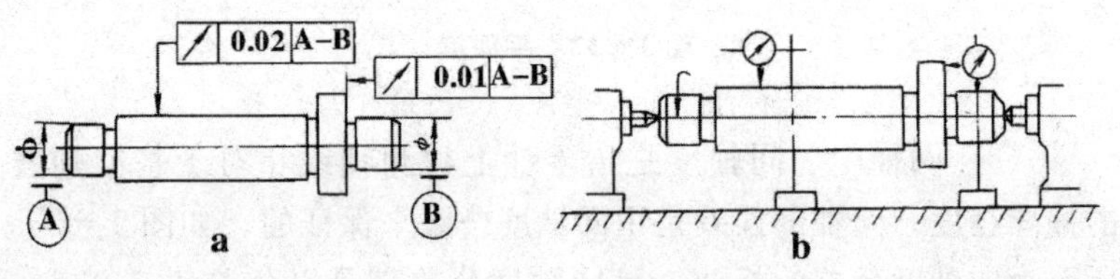

图 1－34　圆跳动

a. 标注　b. 测量方法

5. 形位公差识读举例

形位公差识读，见图 1－35 所示，各形位公差框格所表示的含义如下。

| ⌭ | 0.05 | 含义：表示对 ϕ48mm 圆柱面提出了圆柱度公差要求，公差值是 0.05mm。若 ϕ48 圆柱面有圆柱度误差，则该圆柱面必须位于半径差为公差值 0.05mm 的两同轴圆柱面之间。

| ◎ | ϕ0.02 | A | 含义：要求 ϕ30mm 轴的轴线相对于 ϕ48mm 轴的轴线应同轴，若存在同轴度误差，则要求 ϕ30mm 轴的轴线必须位于直径为公差值 ϕ0.02mm 且与基准轴线同轴的圆柱面内。

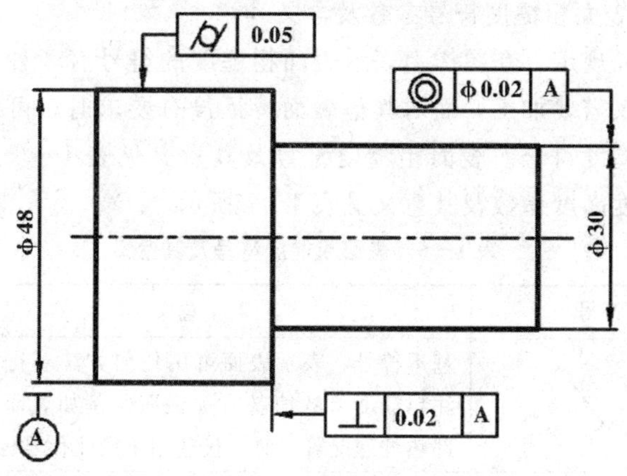

图 1—35 形位公差标注

⊥	0.02	A

含义：要求被测台肩面相对于 ϕ48mm 轴的轴线垂直，若有垂直度误差，则该台肩面必须位于距离为公差值 0.02mm 且垂直于基准轴线的两平行平面之间。

三、表面粗糙度

零件加工后各个表面无论加工得多么光滑，把它放在显微镜下观察，都可以看到凸凹不平的情况，如图 1—36 所示。零件加工后表面所具有的较小间距和微小凸凹不平度称为表面粗糙度，它是在切削加工过程中，由于刀具振动、摩擦等原因造成的。表面粗糙度影响零件的使用性能和寿命，因此，应对表面粗糙度加以合理的限定。

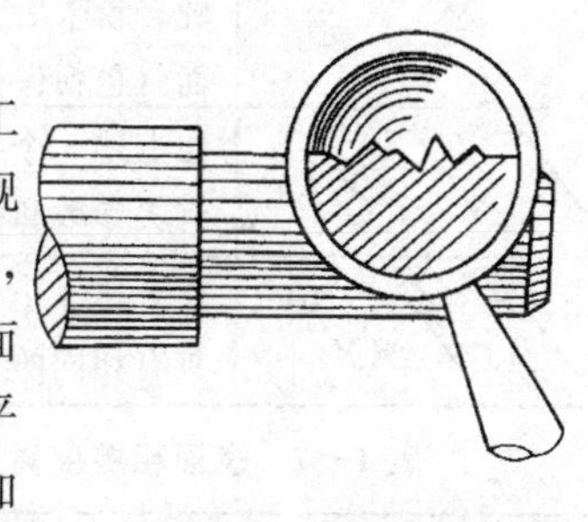

图 1—36 表面粗糙度

1. 表面粗糙度的评定参数

国家标准规定表面粗糙度常用的评定参数有：轮廓算术平均偏差 R_a、微观不平度十点高度 R_z 和轮廓最大高度 R_y 等。其中以轮廓算术平均偏差 R_a 为最常用的评定参数，标注时可省略 R_a。

2. 表面粗糙度符号参数及含义

标准规定，在图样上表示表面粗糙度的符号有 3 种。如果零件表面仅需要加工，而对其他表面特征没有要求时，可以只标注表面粗糙度符号。表面粗糙度符号及其意义见表 1－6 所示。表面粗糙度高度参数及其意义见表 1－7 所示。

表 1－6　表面粗糙度符号及其意义

符号	意义
	基本符号，表示表面可用任何方法获得，当不加注粗糙度参数值基有关说明（例如表面处理、局部热处理况等）时，仅适用于简化代号标注
	基本符号上加一短横，表示表面是用去除材料的方法获得，例如车、铣、钻、磨、剪切、抛光、腐蚀、电火花加工、气割等
	基本符号上加一小圆，表示表面是用不去除材料的方法获得，例如铸、锻、冲压变形、热轧、冷轧、粉末冶金等或者是用于保持原供应状况的表面（包括保持上道工序的状况）
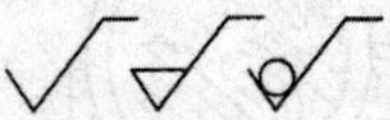	在上述 3 个符号的长边均可加一横线，用于标注有关参数和说明
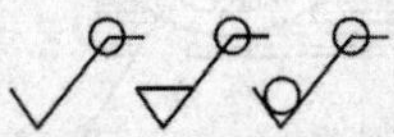	在上述 3 个符号上均可加一小圆，表示所有表面具有相同的表面粗糙度要求

表 1－7　表面粗糙度高度参数值标注示例及其意义

代　号	意　义	代　号	意　义
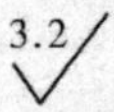 3.2	用任何方法获得的表面粗糙度，R_a 的上限值为 3.2μm	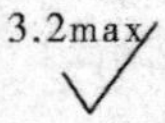 3.2max	用任何方法获得的表面粗糙度，R_a 的最大值为 3.2μm
 3.2	用去除材料方法获得的表面粗糙度，R_a 的上限值为 3.2μm	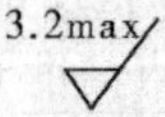 3.2max	用去除材料方法获得的表面粗糙度，R_a 的最大值为 3.2μm

3. 表面粗糙度的标注方法

表面粗糙度代符号应标注在零件的可见轮廓线、尺寸界线或其延长线上，符号的尖端必须从材料外指向表面，代号中数字及符号的注写方向与尺寸数字方向一致。

表面粗糙度在图样上的标注如图 1－37 所示。

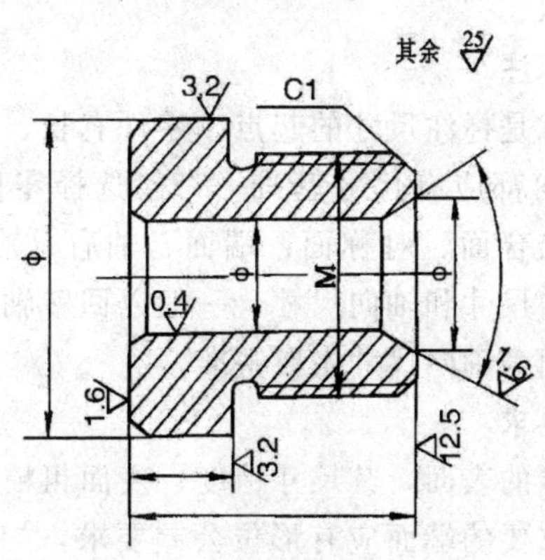

图 1－37　表面粗糙度的标注

第三节　识读轴套类零件图

表示零件结构、大小及技术要求的图样，称为零件图。零件图是用来制造和检验零件的图样，是指导零件生产的重要技术文件。

轴套类零件包括各种轴、丝杠、套筒等。轴类零件的作用，主要是承装传动件（齿轮、带轮等）和传递动力。

一、结构特点

轴套类零件一般由同一轴心线、不同直径的数段回转体组成。轴上常有键槽、螺纹、倒角、圆角、退刀槽和砂轮越程槽等结构。

二、表达方法

轴套类零件主要在车床、磨床上加工。为了加工看图方便，常采用一个基本视图——主视图，轴线水平放置表达整体结构。轴上的键槽、孔等结构，一般用剖面图、局部剖视图和局部视图的简化画法等表示。退刀槽、砂轮越程槽、圆角等细小结构采用局部放大图表示。

三、尺寸标注

尺寸基准就是标注尺寸的起点。零件有长、宽、高 3 个度量方向，每个方向都应有尺寸基准。一般选择零件上的主要加工面、两零件的结合面、对称面、端面、轴肩、轴和孔的轴线等。轴类零件有径向尺寸和轴向尺寸。一般以回转轴线为径向尺寸基准，以重要端面为轴向尺寸主要基准。

四、技术要求

有配合要求的表面，其尺寸精度、表面粗糙度要求较严。有配合的轴颈和重要的端面应有形位公差要求，如同轴度、径向圆跳动、端面圆跳动及键槽的对称度等。

1. 读轴零件图

图 1—38 为轴零件图。

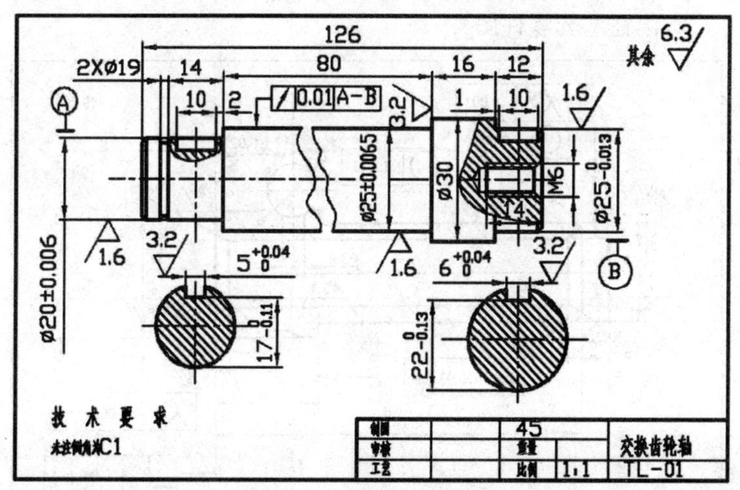

图 1—38 轴零件图

（1）看标题栏 零件名称为交换齿轮轴，材料是 45 号钢，比例是 1∶1。

（2）分析视图 采用一个基本视图——主视图来表达轴的整体结构。$\phi 20 \pm 0.006$mm 和 $\phi 25^{0}_{-0.200}$ mm 两个轴段上的键槽采用局部剖视图表达；键槽的形状，采用局部视图简化画法；为标键槽的深度和宽度尺寸，采用断面图。$\phi 25 \pm 0.0065$mm 轴段采用折断画法。

（3）分析尺寸 该零件的径向尺寸基准为轴线。轴向尺寸基准为 $\phi 25 \pm 0.0065$mm 的轴肩定位面。为了加工方便，又选取轴左右两个端面为辅助基准。

（4）分析技术要求 轴向尺寸的精度要求不高，其尺寸公差不予注出。轴向定位的轴肩，表面粗糙度 R_a 为 $3.2R_a$；轴与滚动轴承配合的轴段表面粗糙度 R_a 为 $1.6R_a$；轴与齿轮配合的轴段表面粗糙度 为 $1.6R_a$；键槽的两个工作表面粗糙度为 $3.2R_a$。$\phi 25 \pm 0.0065$mm 的轴线，相对于两端轴的公共轴线提出径向圆跳动的公差值为 0.01mm 的要求。

2. 读柱塞套零件图

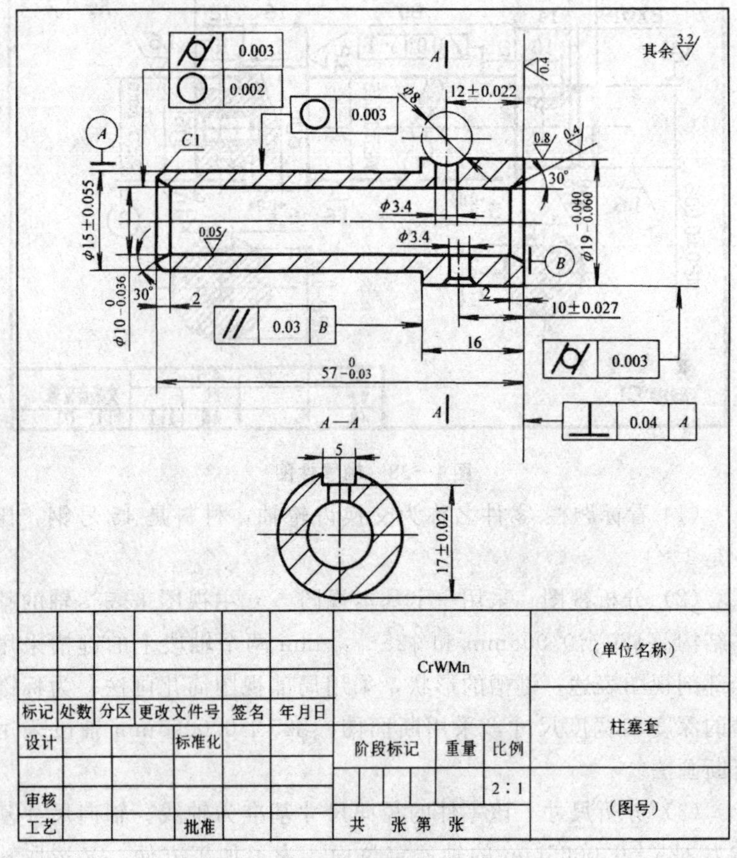

图 1—39 柱塞套零件图

(1) 看标题栏 零件名称为柱塞套，材料是合金钢 CrWMn，比例是 2∶1。

(2) 分析视图 该零件有两个图形，主视图采用全剖视图，表达了柱塞套的机构形状。A—A 断面图重点表达 φ3.4mm 孔及宽 5mm 的圆弧槽的形状和位置。

3. 分析尺寸 该零件的径向基准为内外圆柱的轴线。长度主要基准为右端面，尺寸 10mm、12mm、16mm、57mm 均从该端面注出。宽 5mm 的圆弧槽深以外圆柱表面为基准注出是为了测量方便。视图中表示定位尺寸的有 12mm±0.022mm、10mm±0.027mm、17mm±0.021mm，其余均为定形尺寸。

4. 分析技术要求　该柱塞套所有表面均为切削加工表面。最光洁的内孔表面粗糙度 R_a 值为 0.05μm，最粗糙的表面粗糙度 R_a 值为 3.2μm。标有尺寸公差的尺寸有：ϕ15mm±0.055mm、$\phi 10^{0}_{-0.036}$ mm、$\phi 19^{-0.040}_{-0.061}$ mm、12mm±0.022mm、10mm±0.027mm、17mm±0.021mm、$\phi 57^{0}_{-0.03}$ mm 等。标有形位公差的有：$\phi 10^{0}_{-0.036}$ mm 孔圆柱度公差 0.003mm、圆度公差 0.002mm；ϕ15mm±0.055mm 圆柱面圆度公差 0.003mm；$\phi 19^{-0.040}_{-0.061}$ mm 圆柱面圆度公差 0.003mm；零件右端面对 ϕ15mm±0.055mm 轴线的垂直度公差为 0.04mm；$\phi 19^{-0.040}_{-0.060}$ mm 圆柱的左端面对右端面的平行度公差为 0.03mm。

第四节　常用金属材料

金属材料是机械制造业中使用最广泛的材料，机械零件质量的好坏和使用寿命的长短都与它的材料直接相关，不同的金属材料具有不同的性能、用途和热处理方法。

一、金属材料的性能

金属材料的性能分为使用性能和工艺性能两类。

金属材料的使用性能是金属材料在使用条件下所表现出来的性能，包括物理性能、化学性能和力学性能。

金属材料的物理性能是金属材料固有的属性，它包括密度、熔点、导热性、导电性、热膨胀性和磁性等。金属材料的化学性能是指金属材料在化学作用下所表现的性能，包括耐腐蚀性、抗氧化性和化学稳定性。金属材料的力学性能是金属材料在外力作用下所表现出来的性能。力学性能指标有强度、硬度、塑性、韧性和疲劳强度等，如表1－8所示。

表1－8　常用金属材料的力学性能指标及含义

力学性能	性能指标			含　义
	名称	代号	单位	
强度	抗拉强度	σ_b	MPa	拉伸试样在拉断前所能承受的最大拉应力
	屈服点	σ_s	MPa	拉伸试样时产生屈服现象的应力
硬度	布氏硬度	HBS(W)	kPa	试样压痕单位面积上所受的载荷
	洛氏硬度	HRC	—	通过测量残余压痕深度增量计算的硬度值
塑性	断后伸长率	δ	—	试样纵向相对伸长变形量
	断面收缩率	ψ	—	试样横向相对收缩变形量
韧性	冲击韧性	A_k	J	试样冲断时单位面积上所吸收的功

金属材料的工艺性能是指金属材料从冶炼到成品的生产过程中，在各种加工条件下表现出来的性能。它包括铸造性能、锻造性能、焊接性能、切削加工性能等。

二、金属材料的分类

金属材料通常分为黑色金属和有色金属两大类。其中黑色金属又分为钢（碳素钢和合金钢等）和铸铁（灰铸铁、球墨铸铁、可锻铸铁等）两类。有色金属分为轻金属（铝、镁、钛等）和重金属（铜、铅、镍、锌、锡等）两类。

三、常用金属材料的牌号、性能和用途

1. 碳素钢

碳素钢是指含碳质量分数小于2.11％而不含有特意加入合金元素的钢。除铁和碳外，钢中常含有锰、硅、硫、磷等杂质元素。合金钢是在碳钢的基础上，冶炼时有目的地加入合金元素而

得到的多元合金。这两类钢的力学性能可满足工程及机械上各种结构件、零件、工具等的使用要求，因此在工业上应用非常广泛。

(1) 普通碳素结构钢　具有较好的塑性和韧性，强度、硬度一般，价格低廉，主要用于制造工程结构件和不重要的机械零件，如拉杆、转轴等。最常用的牌号是 Q235－A。牌号中的“Q”是屈服点中“屈”字的汉语拼音字首；数值 235 表示该钢的屈服点为 235MPa；“A”是质量等级。

(2) 优质碳素结构钢　这类钢的质量优于普通碳素结构钢，有害元素硫与磷的含量低，常用于制造比较重要的中小型机器零件。牌号用两位数字表示钢中碳质量的万分之几，如 45 钢表示碳的质量分数为 0.45%的优质碳素结构钢。

10、15、20 钢属低碳钢（$W_c \leqslant 0.25\%$），强度、硬度较低，塑性、韧性良好，且具有良好的焊接性能，常用来制造冲压件、焊接件等。这类钢件进行渗碳、淬火、低温回火处理后可获得较高的表面硬度，心部具有良好的韧性，适用于要求耐磨又承受冲击的零件，如活塞销、齿轮等。

30、35、40、45、50 钢属于中碳钢（$W_c = 0.25\% \sim 0.60\%$），对其进行调质处理后可获得良好的综合力学性能，其中 45 钢应用最为广泛，常用于制造轴、连杆、齿轮等受力复杂的零件。

55、60、65 钢属于高碳钢（$W_c \geqslant 0.60\%$），进行淬火、中温回火处理后可获得高的屈服点和高的弹性，主要用于制造弹簧、钢丝绳、轧辊等。

(3) 碳素工具钢　这类钢的牌号用“T”和数字表示，其中“T”表示碳素工具钢。数字表示钢中碳质量的千分之几。如 T12 表示碳的质量分数为 1.2%的优质碳素工具钢；高级优质钢在牌号末尾加“A”，如 T12A 表示碳的质量分数为 1.2%的高级优质碳素工具钢。这类钢主要用于制造手用切削刀具、不重要的小型模具，如锉刀、手锯条、冲头、錾子等。

(4) 合金钢　合金钢的种类很多，下面介绍常用的典型合金钢：

Q345 是低合金高强度结构钢，是在碳素结构钢的基础上加入少量合金元素锰（锰的质量分数小于 1.5%）而成，强度高于普通碳素结构钢，具有良好的冷变形性能和焊接性能，常用于制造工程结构件、冲压件、焊接件等，如桥梁、船舶、压力容器等。

20CrMnTi 是合金渗碳钢，$W_c \approx 0.2\%$，Cr、Mn、Ti 的质量分数均小于 1.5%。对其进行淬火、低温回火处理后，可获得表面硬、心部韧的性能，主要用于制造受冲击的耐磨零件，如汽车变速齿轮等。

40Cr 是合金调质钢，$W_c \approx 0.4\%$，$W_{Cr} < 1.5\%$。进行调质处理后，可获得优良的综合力学性能，常用于制造重要的轴、连杆、发动机连杆螺栓等。

60Si2Mn 为合金弹簧钢，$W_c \approx 0.6\%$，$W_{Si} = 2.0\%$，$W_{Mn} < 1.5\%$。对其进行淬火、中温回火处理后，可获得高的弹性和耐疲劳性能，用于制造重要的弹簧，如汽车板弹簧等。

9SiCr 为合金工具钢，$W_c \approx 0.9\%$，硅和铬的质量分数均小于 1.5%。对其进行淬火、低温回火处理后可获得高的硬度和耐磨性，主要用于制造丝锥、板牙、铰刀等低速切削工具。

W18Cr4V 为高速工具钢，$W_c \approx 0.7\% \sim 1.65\%$，$W_w \approx 18\%$，$W_{Cr} \approx 4\%$，$W_v < 1.5\%$。对其进行特殊的热处理后可获得高的硬度、耐磨性和高的热硬性，常用来制造车刀、铣刀、钻头、拉刀、齿轮刀具等。

GCr15 为滚动轴承钢，$W_c \approx 0.95\% \sim 1.05\%$，$W_{Cr} \approx 1.5\%$。经淬火、低温回火处理后可获得 62～64HRC 的硬度值，主要用于制造中、小型滚动轴承的套圈、滚动体，也可用于制造高精度量具、模具等。

4Cr13 为不锈钢，$W_c \approx 0.4\%$，$W_{Cr} \approx 13\%$。经热处理后具有良好的耐腐蚀性能，并具有一定的强度和硬度，主要用于制造医疗器械，如手术刀等。

2. 铸铁　是主要由铁、碳组成的合金总称。它是以铁和碳为主要组成元素，并含有硅、锰、磷、硫等杂质元素的合金。工业上常用的铸铁，其 $W_c = 2.5\% \sim 4.0\%$、$W_{Si} = 1.0\% \sim 3.5\%$。

根据碳在铸铁中存在的形态，一般可分为白口铸铁（碳主要以 Fe_3C 形态存在）、灰铸铁（碳主要以石墨形态存在）等。工业上最常用的有灰铸铁、球墨铸铁、可锻铸铁。

(1) 灰铸铁　灰铸铁中的碳主要以片状石墨存在，其断口呈灰色。这类铸铁铸造性能优良；减摩、减振、可加工性良好；缺口敏感性低，价格低廉。是目前工业应用最广泛的金属材料之一。

灰铸铁的牌号是由“灰铁”两字的汉语拼音字首“HT”及一组数字组成，数字表示其最低抗拉强度。如 HT200，表示最低抗拉强度为 200MPa 的灰铸铁。

(2) 球墨铸铁　是铁液在浇注前经过球化处理，使石墨呈球状分布的铸铁。球状石墨减轻了对基体的割裂，减少了应力集中，使铸铁的强度、塑性、韧性均高于灰铸铁，而且还可通过热处理来提高力学性能，它可部分代替钢材使用。

球墨铸铁的牌号是由“球铁”两字的汉语拼音字首“QT”和两组数字组成，数字分别表示最低抗拉强度和断后伸长率。如 QT600－3，表示最低抗拉强度为 600MPa、最低断后伸长率为 3%的球墨铸铁。

(3) 可锻铸铁　是由白口铸铁经过高温石墨化退火后获得的具有团絮状石墨的铸铁。它的力学性能比灰铸铁好，但比球墨铸铁差。可锻铸铁的牌号是由 3 个字母和两组数字组成的，其中“KT”是“可铁”的汉语拼音字首，后面的“H”表示黑心可锻铸铁，“Z”表示珠光体可锻铸铁，两组数字分别表示最低抗拉强度和断后伸长率。如 KTH300－06，表示最低抗拉强度为

300MPa、最低断后伸长率为6%的黑心可锻铸铁。

3. 有色金属

通常把除了钢铁以外的其他金属材料称为有色金属。有色金属具有特殊的物理、化学性能和其他优良的性能，因此在工业生产中有特殊的用途。常用的有铜及铜合金、铝及铝合金。如5A05、2A11、7A04、2850等为形变铝合金，ZLl02、ZL201等为铸造铝合金，H70、H68、H62等为普通黄铜，HPb59－1为铅黄铜，QSn4－3为锡青铜。

四、钢的热处理

热处理是采用适当的方式对金属材料或工件进行加热、保温和冷却，以获得预期的组织结构与性能的工艺。

热处理能显著提高钢的力学性能，满足零件使用要求和延长寿命；还可以改善钢的加工性，提高加工质量和劳动生产力，因此热处理在机械制造中应用广泛。

热处理工艺的种类很多，根据加热和冷却的方法不同，热处理工艺大致可分为普通热处理（退火、正火、淬火、回火）和表面热处理（表面淬火、化学热处理）。

1. 退火与正火

（1）退火　是将工件加热到适当温度，保持一定时间，然后缓慢冷却的热处理工艺。退火的目的是可以降低硬度，提高塑性，改善切削加工和压力加工性能，能细化晶粒，改善内部组织和性能，还可为以后的热处理作准备。

（2）正火　是将工件加热奥氏体化后在空气中冷却的热处理工艺。正火的目的与退火基本相同，正火与退火的基本区别是正火冷却速度快，得到的珠光体晶粒较细，硬度和强度较退火的高；操作方便，生产周期短，成本较低。

2. 钢的淬火

淬火是将工件加热奥氏体化后以适当方式冷却获得马氏体或贝氏体组织的热处理工艺。淬火的目的是得到马氏体和贝氏体组织，提高钢的强度、硬度和耐磨性。淬火常见的冷却介质有水、盐水和矿物油。淬火与回火配合，能大大提高钢的力学性能，所以淬火是强化钢材的重要热处理工艺。

3. 钢的回火　回火是将淬火钢重新加热到低于727℃的某一温度，保温一定时间，然后空冷到室温的热处理工艺。

回火能消除应力，防止变形和开裂，可以调整工件硬度、强度、塑性和韧性，达到使用性能要求，能够稳定组织与尺寸，保证精度，改善和提高加工性能。

4. 钢的表面热处理

(1) 表面淬火　是仅对工件表面层进行的淬火。其目的是使工件表面具有高硬度、耐磨性而心部具有足够的强度和韧性。

(2) 钢的化学热处理　是将工件置于适当的活性介质中加热、保温、冷却，使一种或几种元素渗入工件表层，以改变钢件表面层的化学成分、组织和性能的热处理工艺。化学热处理分为渗碳、渗氮和碳氮共渗等。

5. 热处理工序位置安排

合理安排热处理工序位置，对保证零件质量和改善切削加工性能具有重要意义。按热处理工序位置不同，分为预先热处理和最终热处理。其工序位置安排如下：

(1) 预先热处理　包括退火、正火和调质等。一般安排在毛坯生产之后，切削加工之前，或粗加工之后，半精加工之前。

(2) 最终热处理　包括淬火、回火和渗碳等。零件经最终热处理后硬度高，除磨削外不宜进行切削加工，故工序位置一般安排在半精加工后，磨削加工前。

第五节　常用量具

量具是用来测量工件尺寸、角度、形状误差和相互位置误差的工具。为保证加工后的工件的各项技术参数符合设计要求，在加工前后及加工过程中，都必须用量具进行测量。通用量具的种类很多，常用的有游标卡尺、千分尺、百分表、万能角度尺、卡钳、塞尺等。下面介绍几种主要量具的结构、原理及使用方法，以及量具的维护与保养方法。

一、钢直尺

钢直尺是用来测量长度的一种最常用的简单量具，用不锈钢片制成，可直接用来测量工件尺寸，如图 1－40 所示。它的测量长度规格有 150mm、200mm、300mm、500mm 等几种。测量工件的外径和内径尺寸时，常与卡钳配合使用，测量精度一般只能达到 0.2～0.5mm。

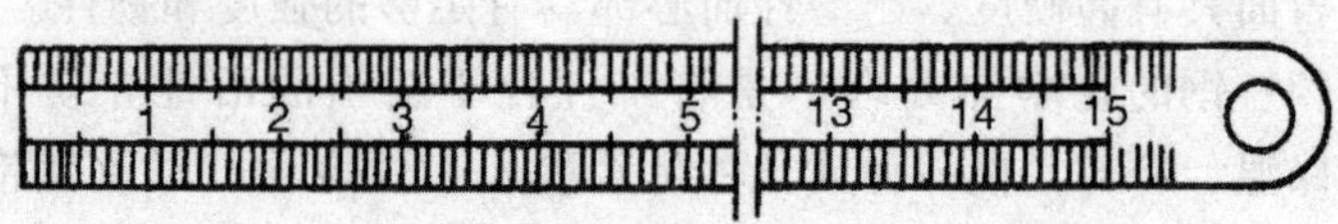

图 1－40　钢直尺

二、卡钳

卡钳是一种间接测量的简单量具，不能直接测量出长度数值，必须与钢直尺或其他带有刻度值的量具一起使用。卡钳分内卡钳和外卡钳两种，外卡钳可测量外尺寸，内卡钳可测量内尺寸。其使用方法如图 1－41 所示。

测外圆直径

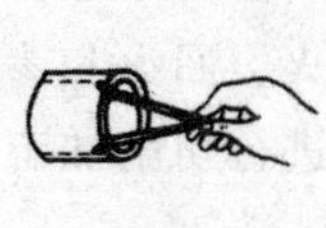

测孔径

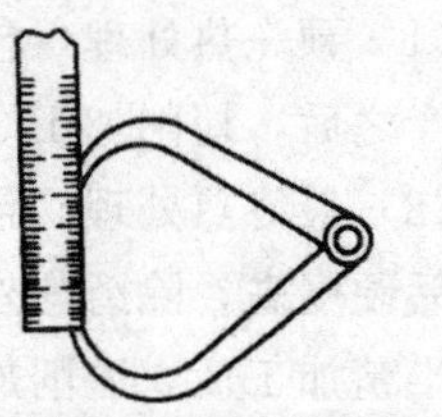

用钢直尺调对卡钳的尺寸

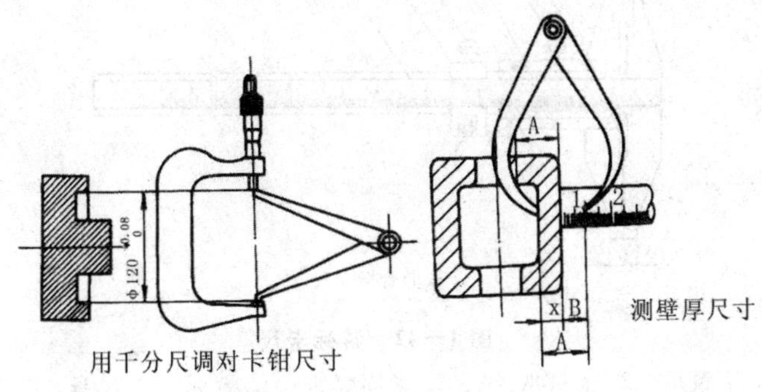

图 1－41　卡钳

三、游标卡尺

1. 游标卡尺的结构特点

游标卡尺的结构如图 1－42 所示，它主要由尺身和游标组成，它的结构简单、使用方便，是车工最常用的中等精度的通用量具。它可直接用来测量工件的内外径、长度、宽度、深度和孔距等尺寸。按式样不同，游标卡尺可分为三用游标卡尺和双面游标卡尺等，其中三用游标卡尺应用最为普遍。

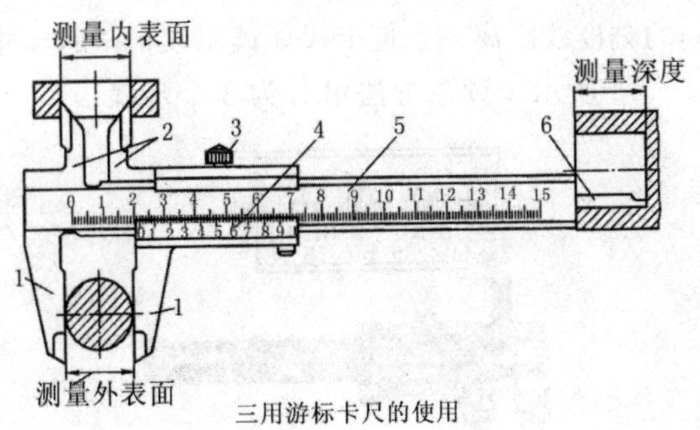

三用游标卡尺的使用

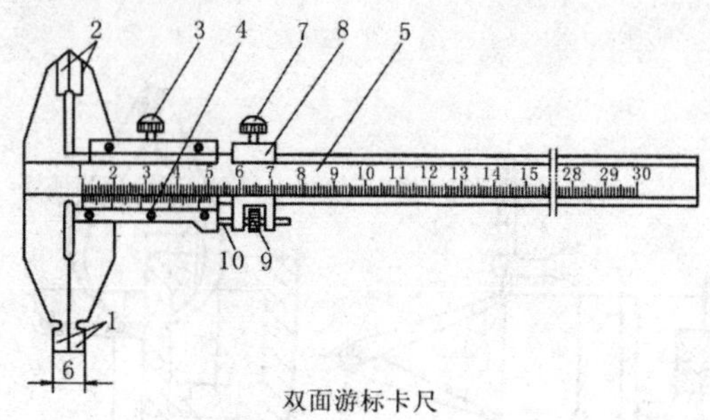

双面游标卡尺

图 1－42　游标卡尺

1. 下量爪　2. 上量爪　3、7. 紧固螺钉　4. 游标　5. 尺身　6. 深度尺　8. 微调装置　9. 滚花螺母　10. 小螺杆

游标卡尺的测量精度有 0.1、0.05、0.02mm 三种，测量范围有 0～125mm、0～150mm、0～200mm、0～300mm 等。

2. 游标卡尺的刻线原理和读数方法　游标卡尺的尺身上刻有以 1mm 为一格间距的刻度，并刻有尺寸数字，其刻度全长即为游标卡尺的规格。游标上的刻度间距，随测量精度而定。现以精度值为 0.02mm 的游标卡尺的刻线原理和读数方法为例简介如下：

尺身一格为 1mm，游标的刻线是取尺身的 49 格等分为 50 格而成，因此游标一格为 49/50＝0.98mm，即尺身一格和游标一格之差为 1－0.98＝0.02mm，此差值就是该游标卡尺的测量精度。正是利用两者之间的刻度线距离差，使卡尺能读出较精密的尺寸值。

如图 1－43 所示。读数方法可分为 3 个步骤：

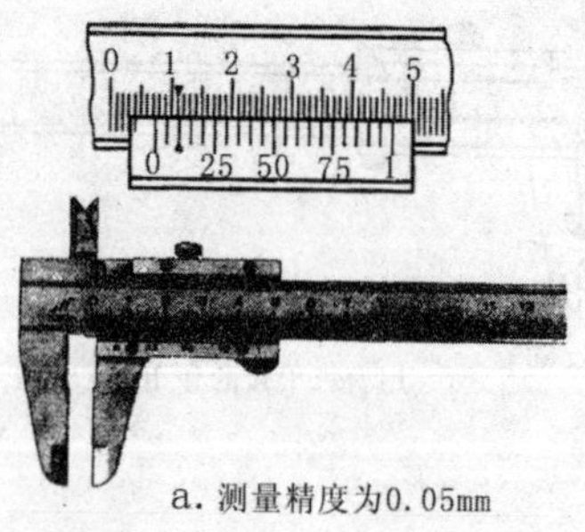

a. 测量精度为0.05mm

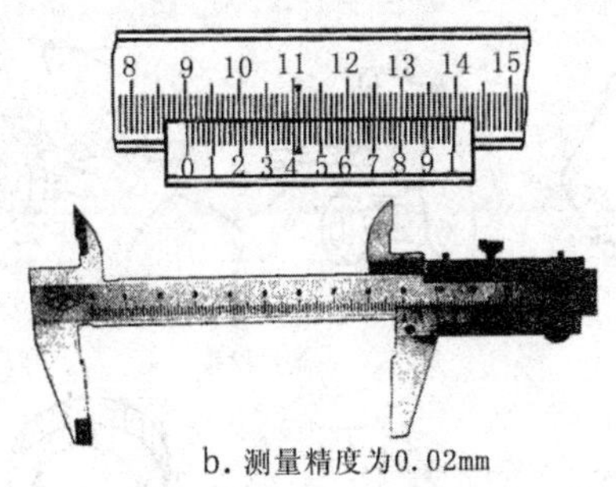

b. 测量精度为0.02mm

图 1—43　游标卡尺的识读

(1) 读整数　在尺身上读出位于游标“0”线左面的整数毫米值，即读出整数值为 90mm。

(2) 读小数　读出游标上与尺身上某刻线对齐的刻线格数，用此格数和间隔差值的乘积为小数毫米值，即读出小数部分是 21×0.02mm＝0.42mm

(3) 整数加小数　把整数部分与小数部分相加即为尺寸测量的结果，即 90mm＋0.42mm＝90.42mm

3. 游标卡尺的使用

使用时，松开固定游标用的紧固螺钉即可测量。下量爪用来测量工件的外径和长度，上量爪用来测量孔径和槽宽，深度尺用来测量工件的深度和台阶的长度。用游标卡尺测量工件的方法如图 1—44 所示。

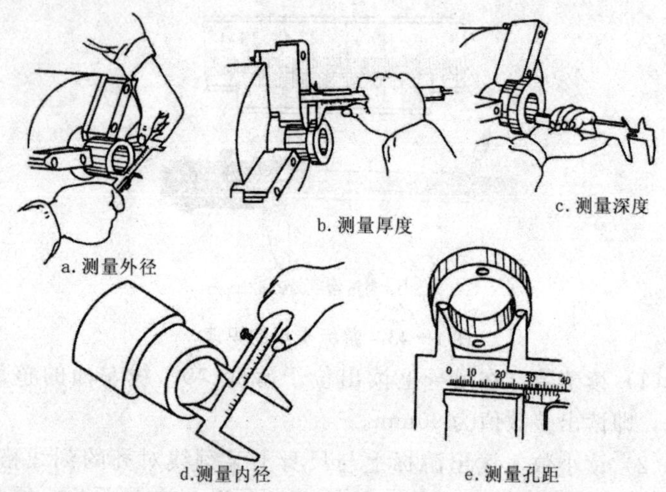

图 1—44　游标卡尺的使用方法

使用时应注意下列事项：

（1）使用前应先检查量具是否在检定周期内。然后擦净卡尺，使量爪闭合，检查尺身与游标的零线是否对齐。若未对齐，则在测量后应根据原始误差修正读数值。

（2）测量内外圆直径时，尺身应垂直于轴线，应使两量爪处于直径处。

（3）测量时应使量爪逐渐与工件被测表面靠近，最后达到轻微接触。不能把量爪用力抵紧工件，以免变形和磨损，影响测量精度。量取尺寸后，最好把紧固螺钉旋紧后再读数，以防止尺寸变动。读数视线应该垂直于尺身。

（4）游标卡尺仅用来测量已加工的表面，表面粗糙的毛坯件不能用游标卡尺测量。

（5）游标卡尺不得乱放，更不得随意乱作别用，以避免造成损坏或降低精度；卡尺用完后，要擦净上油，放在卡尺盒内，防止锈蚀和弄脏。

四、外径千分尺

1. 外径千分尺的结构

外径千分尺的构造如图 1－45 所示，由尺架、微分筒、固定量杆、测微量杆、锁紧装置和测力装置等组成。千分尺是生产中最常用的一种精密量具。测量精度为 0.01mm，测量范围有 0～25mm、25～50mm、50～75mm 等多种规格。常用的千分尺分为外径千分尺和内径千分尺等。

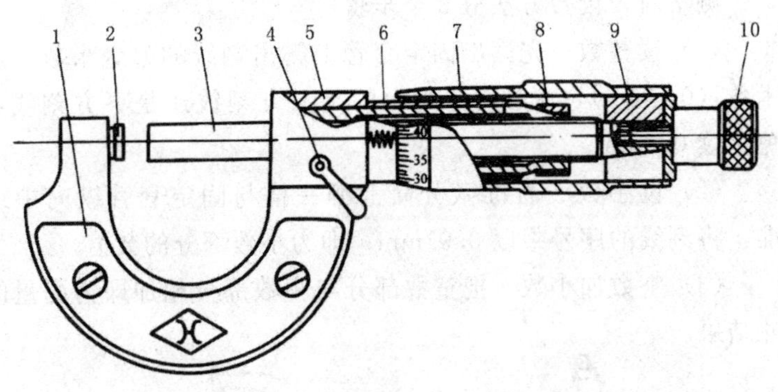

1. 尺架　2. 砧座　3. 测微螺杆　4. 锁紧装置　5. 螺纹轴套
6. 固定套筒　7. 微分筒　8. 螺母　9. 接头　10. 棘轮

图 1－45　外径千分尺

2. 外径千分尺的读数原理和读数方法

千分尺的读数结构由固定套筒和微分筒组成，如图 1－46 所示。固定套筒在轴线方向上有一条中线，中线上、下方都有刻线，相互错开 0.5mm。在微分筒左端锥形圆周上有 50 等分的刻度线。因测微螺杆的螺距为 0.5mm，即螺杆转一周，同时轴向移动 0.5mm，故微分筒上每一小格的读数为 0.5/50＝0.01mm，所以千分尺的测量精度为 0.01mm。

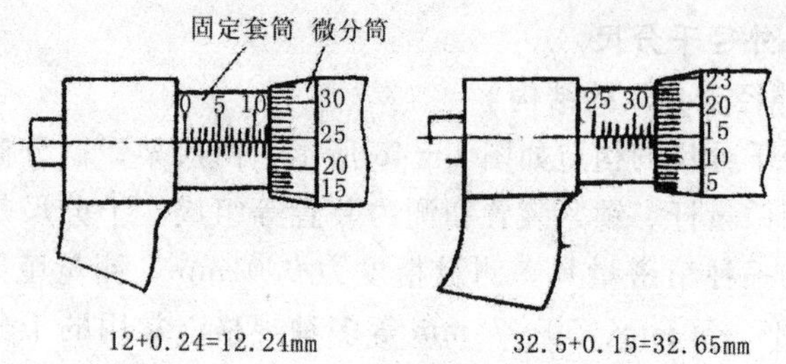

图 1－46　外径千分尺的读数方法

测量时，读数方法分 3 个步骤：

（1）读整数　先读出固定套管上露出刻线的整毫米数和半毫米数（0.5mm），注意看清露出的是上方刻线还是下方刻线，以免错读 0.5mm。

（2）读小数　看准微分筒上哪一格与固定套管纵向中线对准，将刻线的序号乘以 0.01mm，即为小数部分的数值。

（3）整数加小数　把整数部分与小数部分相加即为测量的尺寸结果。

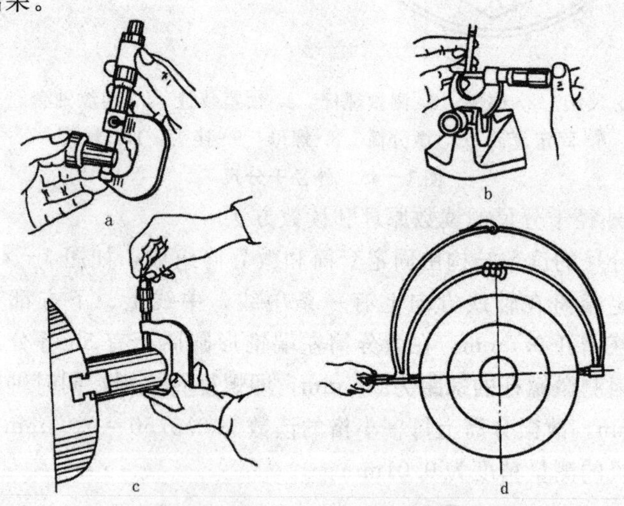

图 1－47　千分尺的使用方法

a. 单手握尺　b. 放在尺架上　c、d. 双手握尺

3. 外径千分尺的使用方法

如图 1—47，用千分尺测量工件时，千分尺可单手握、双手握，或将千分尺固定在尺架上测量。使用千分尺应注意以下事项：

(1) 校对零点　将砧座与螺杆接触，看圆周刻度零线是否与纵向中线对齐，如有误差修正读数。

(2) 合理操作　手握尺架，先转动微分筒，当测微螺杆快要接触工件时，必须使用端部棘轮，严禁再拧微分筒。当棘轮发出"嗒嗒"声时应停止转动。

(3) 擦净工件测量面　测量前应擦净工件测量表面，以免影响测量精度。

(4) 不偏不斜　测量时应使千分尺的砧座与测微螺杆两侧面准确放在被测工件的直径处，不能偏斜。

五、百分表

百分表是一种指示量具，主要用于校正工件的装夹位置、检查工件的形状和位置误差及测量工件内径等。百分表的刻度值为 0.01mm，刻度值为 0.001mm 的叫千分表。

钟面式百分表的结构原理如图 1—48 所示。当测量杆 1 向上或向下移动 1mm 时，通过齿轮传动系统带动大指针 4 转一圈，小指针 5 转一格。刻度盘在圆周上有 100 个等分格。每格的读数值为 0.01mm，小指针每格读数为 1mm。测量时测量头移动的距离等于小指针的读数加上大指针的读数。小指针处的刻度范围为百分表的测量范围。钟面式百分表装在专用的表座上使用，如图 1—49 所示。

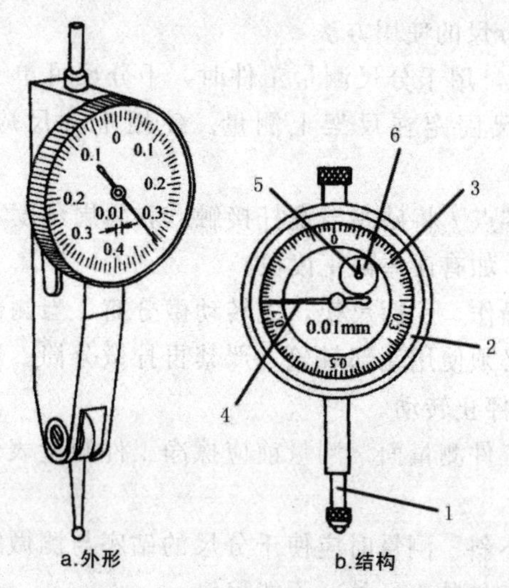

图 1－48　钟面式百分表的结构

1. 测量杆　2. 表盖　3. 大刻度盘　4. 大指针　5. 小指针　6. 小刻度盘

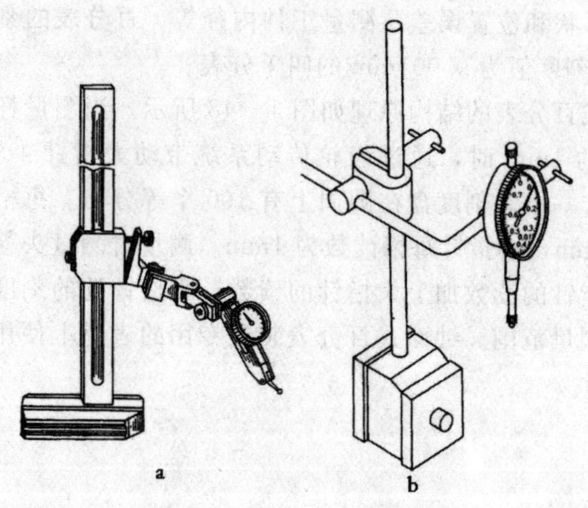

图 1－49　百分表表架

a. 杠杆百分表专用表架　b. 钟表百分表磁性表架

图 1－50 所示为杠杆式百分表，图 1－51 所示为测量内孔尺寸的内径百分表。

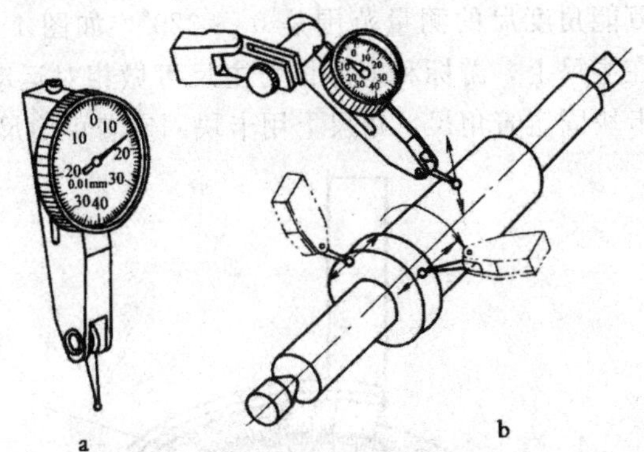

图 1－50　杠杆百分表

a. 杠杆式百分表　b. 测量径向和端面圆跳动的方法

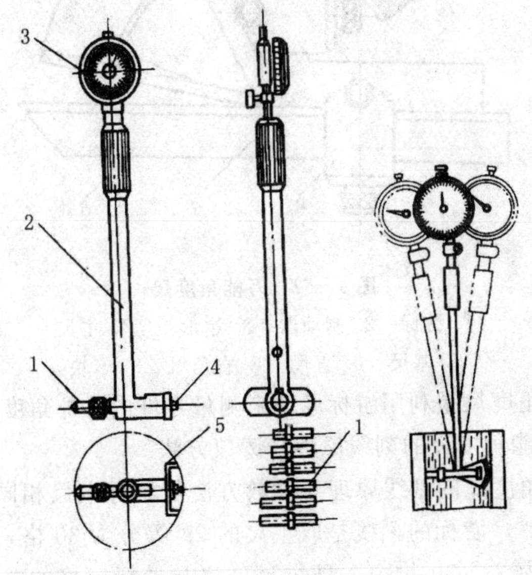

图 1－51　内径百分表

1. 可换测头　2. 接管　3. 百分表　4. 活动测头　5. 定心桥

六、万能角度尺

1. 万能角度尺的结构

Ⅰ型万能角度尺的测量范围是 0°～320°，如图 1－52 所示。基尺固定在主尺上，游标和扇形板与主尺可做相对运动。在扇形板上可用卡块固定着角尺，角尺上用卡块固定着可换尺。

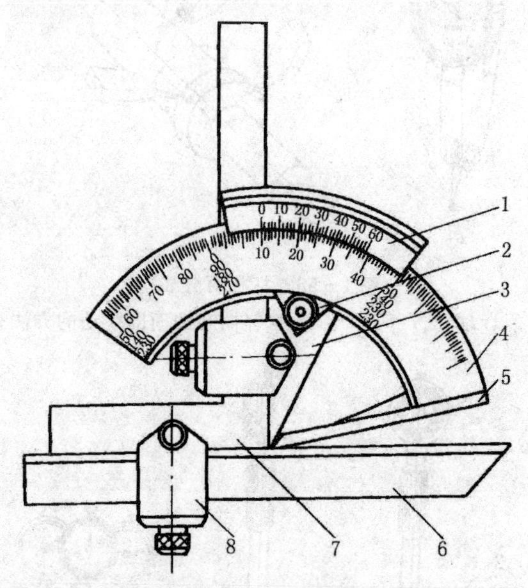

图 1－52 万能角度尺

1. 游标 2. 制动器 3. 扇形板 4. 主尺

5. 基尺 6. 直尺 7. 直角尺 8. 卡块

万能角度尺是利用游标原理来测量零件内、外角度的量具。

2. 万能角度尺的刻线原理与读数方法

万能角度尺的刻线原理与读数方法与游标卡尺相同。主尺刻线每格为 1°，游标的刻线是取主尺的 29°等分为 30 格，因此游标刻线 1 格为 29°/30＝58′，即主尺一格与游标一格的差值为 1°－58′＝2′，也就是万能角度尺测量精度为 2′。

读数方法：

读数＝游标零刻度线所指主尺上整数＋游标上与主尺刻度线对齐的刻线格数×2′。

使用时应注意如下事项：

(1) 使用前，将万能角度尺擦拭干净，检查各部件移动是否平稳可靠。然后校对零位，即装上直角尺与直尺，使直角尺的底边及基尺均与直尺无间隙，检查主尺与游标的“0”线是否对准。

(2) 调整好零位后，通过改变基尺、直角尺、直尺的相互位置来测量0°～320°范围内的任意角度，如图1－53所示。

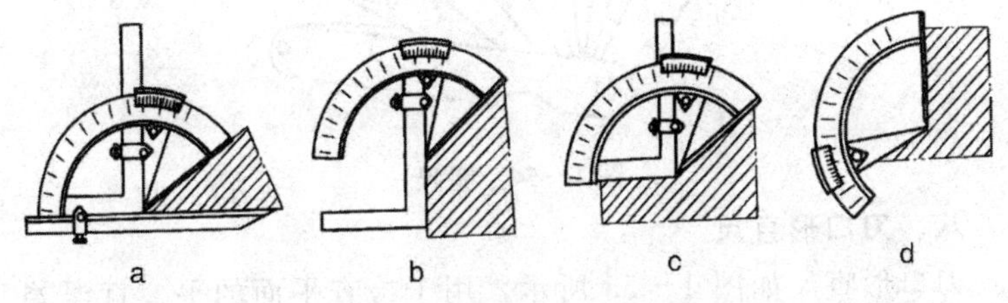

图1－53　万能角度尺的使用

a. 测量0°～50°角　b. 测量50°～140°角

c. 测量140°～230°角　d. 测量230°～320°角

图1－53a所示为将被测件放在基尺和直尺的测量面之间，用以测量0°～50°的工件角度。

图1－53b所示为把直角尺和卡块卸下来，并把直尺如图装上，将被测件放在基尺和直尺的测量面之间，用以测量50°～140°的工件角度。

图1－53c所示为把直尺和卡块卸下来，并将直角尺和基尺的测量面紧贴在被测件的表面上，用以测量140°～230°的工件角度。

图1－53d所示为把直尺、直角尺和卡块都卸下来，直接用基尺和扇形板的测量面测量，用以测量230°～320°的工件角度。

(3) 操作时，应先松开制动器上的螺母，移动主尺坐标作粗调整，然后转动游标背面的把手作细调整，直至万能角度尺的两测量面与被测工件的表面紧密接触，最后拧紧制动器上的螺母并读数。

七、塞尺

塞尺如图 1—54 所示。它由一组薄钢片组成，它们的厚度从 0.03～0.3mm。用于测量两贴合面之间较小的间距尺寸。

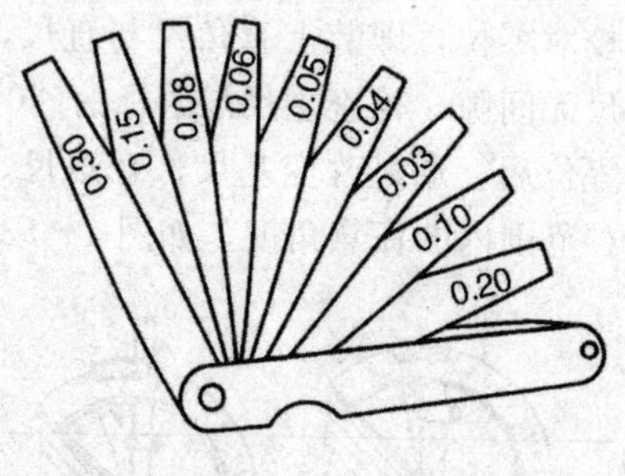

图 1—54 塞尺

八、刀口形直尺

刀口形直尺如图 1—55 所示，用于检查平面的平、直误差。测量时把刀口形直尺与被测量表面贴合，如刀口与平面之间有间隙，说明平面不平。用塞尺塞间隙，即可测出间隙数值的大小。

图 1—55 刀口形直尺

九、光滑极限量规

光滑极限量规是一种没有刻线的专用量具，适用于检测国标“极限与配合”（GB/T1800）规定的基本尺寸至 500mm，公差等级 IT6 至 IT16 的采用包容要求的孔与轴。光滑极限量规有塞规和卡规。其中，塞规是用来测量孔径或槽宽的极限量规，如图 1—56a所示，它的一端长度较短而直径等于工件孔的最大极限尺寸，称为“止端”；另一端较长，而直径等于工件孔的最小极限尺寸，称为“通端”。测量时当“通端”能通过，“止端”进不去，说明工件孔的实际尺寸和作用尺寸符合极限尺寸判断原则的规定，加工尺寸合格；否则，加工尺寸就不合格。

卡规是用来测量外径或厚度的极限量规，如图 1－56b 所示。其“通端”为工件轴的最大极限尺寸；“止端”为工件轴的最小极限尺寸。使用方法与塞规的类似，测量时“通端”能通过，“止端”不能通过，轴加工的尺寸合格；否则，加工尺寸就不合格。

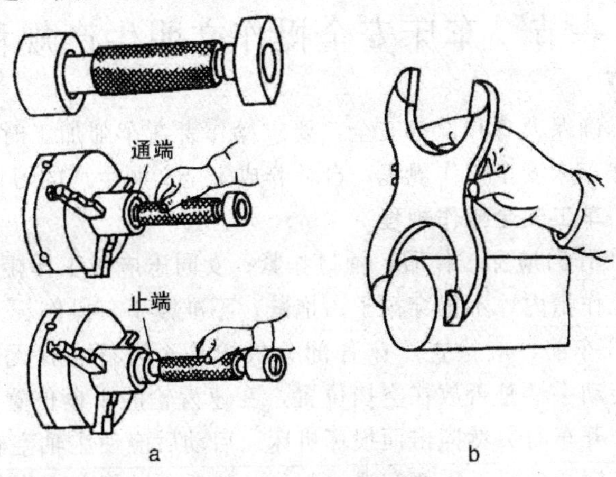

图 1－56　光滑极限量规

a. 塞规　b. 卡规

测量工件尺寸的工具，在使用过程中应加以精心维护和保养，才能保证零件的测量精度，延长量具的使用寿命。因此，必须做到以下几点：

1. 使用前应该擦拭干净，用完后也必须擦拭干净、涂油并放入专用量具盒内。

2. 不能随便乱放、乱扔，应放在规定的地方。

3. 不能用精密量具去测量毛坯尺寸、运动着的工件或温度过高的工件，测量时用力适当，不能过猛、过大。

4. 量具如有问题，不能私自拆卸修理，应交工具室或实习老师处理。精密量具必须定期送计量部门鉴定。

第二章 车 床

第一节 车床安全操作文明生产规程

为了确保人身和设备安全，要求操作者在车削加工时，必须严格遵守车床安全操作规程，自觉养成安全文明生产的习惯。

一、车工安全操作规程

1. 工作时应穿工作服，袖口扣紧；女同志应戴工作帽，头发应塞在工作帽内，不得穿裙子、拖鞋；不准戴手套操作。

2. 开车前，应检查车床各部分机构是否完好，有无防护设备。各转动手柄是否放在空挡位置，变速齿轮的手柄位置是否正确，以防开车时突然撞击而损坏机床。启动后应使主轴空转 1～2 分钟，使润滑油供至需要润滑的部位，然后再进行车削作业。

3. 变速时必须停车。变换溜板箱手柄位置要在低速时进行，使用电器开关的车床不准用反车作紧急停车，以免打坏齿轮。

4. 工作时，头与工件不应靠得太近，以防切屑飞入眼中，必要时应戴眼镜。

5. 工作时，必须集中精力，不允许擅自离开机床或做与车床工作无关的事，手和身体不得靠近旋转的工件（或车床卡盘）。

6. 工件和车刀必须装卡牢固，否则会飞出伤人。卡盘必须装有保险装置。

7. 车床开动时不得测量工件。

8. 不能用手直接清除切屑，要备有专用的钩子清理切屑，以防划伤皮肤。

9. 工件装卡后，应取下卡盘扳手，以防飞出伤人。

10. 棒料在主轴的后端不要伸出过长，如果过长，应用料架支承。料架孔的高度应与机床主轴孔同高，且距棒料的末端不大于 0.5m。如果料长太大，也可以加两个支架。

二、车工文明生产

1. 保持工作环境清洁，工具、量具、图样和工件摆放整齐，布局合理，随手可取。工具、量具用后擦净，量具装入盒内。

2. 不准在车间奔跑乱扔东西，未经允许不得动用任何物件和机床。

3. 为了保持丝杠的精度，除车螺纹外，不得使用丝杠自动进刀。

4. 不允许在卡盘上、车床导轨上敲击或校直工件。

5. 装卡较重的工件时，应该用木板保护床面，下班时如工件不卸下，应使用千斤顶支承。

6. 车刀磨损后应及时刃磨，否则会增加车床的负荷，甚至损坏机床。

7. 车削铸铁和气割下料的工件，导轨上的润滑油要擦去，工件上的砂型杂质应去除，以免磨坏床面导轨。

8. 使用切削液时，要在车床导轨上涂上润滑油，冷却泵的冷却液应定期调换。

9. 下班前，应清除车床上及车床周围的切屑和切削液，擦净后按规定在加油部位加上润滑油。

10. 下班后将大托板摇至床尾一端，各转动手柄放到空挡位置，关闭电源。

第二节　CA6140 型卧式车床

车床有卧式车床、立式车床、落地车床、转塔车床、仿形车床、多刀半自动车床和自动车床等多种不同类型，其中卧式车床应用最为广泛。下面介绍 CA6140 型卧式车床。

一、CA6140 型卧式车床主要组成部分的名称及其作用

卧式车床主要由主轴箱、进给箱、溜板箱、光杠、丝杠、尾座及床身、床腿等组成。图 2—1 所示为 CA6140 型卧式车床的外形。

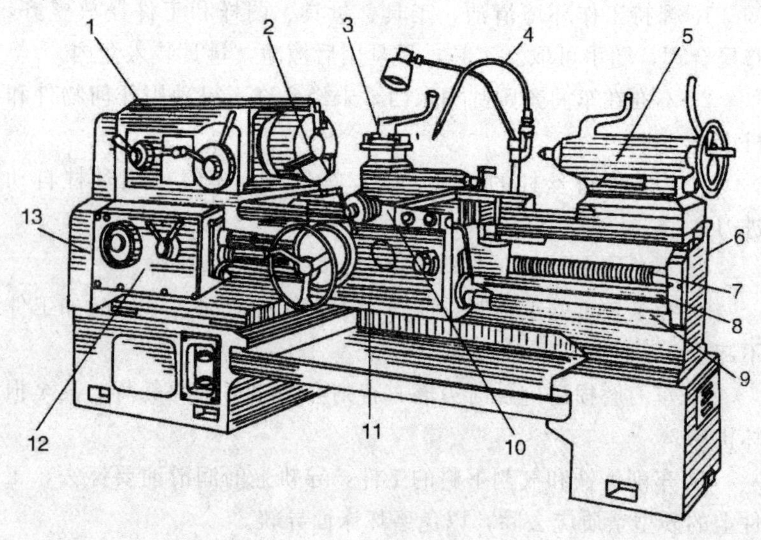

图 2—1 CA6140 型卧式车床

1. 主轴箱 2. 卡盘 3. 刀架 4. 切削液装置 5. 尾座 6. 床身 7. 长丝杠 8. 光杠 9. 操纵杆 10. 床鞍 11. 溜板箱 12. 进给箱 13. 交换齿轮箱

1. 主轴箱

支撑主轴和各传动轴，箱内有轴、齿轮、拨叉、离合器等零部件；箱外有手柄。电动机输出的动力，经 V 带、带轮传至主轴箱，通过变换外部手柄的位置，可使主轴获得正转 24 种、反转 12 种不同转速。

主轴为空心结构，以便于安装棒料。前端带有圆锥面，用来安装卡盘等各种夹具以夹持工件；后端装有传动齿轮，能将运动经交换齿轮传至进给箱，为进给运动提供动力来源。

2. 交换齿轮箱

用于将主轴箱的运动传递给进给箱。更换箱内的齿轮，配合进给箱变速机构，可以车削各种导程的螺纹（或蜗杆）；并可以满足车削时对纵向或横向不同进给量的需求。

3. 进给箱

进给箱是进给运动的变速机构，它将轮架箱传递过来的运动，通过调整外部手柄，经过变速后传给光杠或丝杠，从而改变刀具进给速度。

4. 溜板箱

溜板箱接受光杠或丝杠传递来的运动，操纵箱外手柄及按钮，通过快移机构驱动刀架部件来实现车刀的纵向或横向运动。

5. 光杠和丝杠

将进给箱的运动传给溜板箱。自动进给时使用光杠；车削螺纹时使用丝杠。手动进给时，光杠和丝杠都可以不用。

6. 刀架部件

刀架用以夹持车刀并带动车刀做纵向、横向、斜向或曲线进给运动。刀架部件由床鞍、中滑板、转盘、小滑板和方刀架组成。

7. 尾座

尾座安装在床身导轨上，可沿床身导轨纵向移动以调整其工作位置。尾座套筒前端带有锥度内孔，用来安装顶尖，以便支承较长的工件，或安装钻头、铰刀进行钻削或铰削工作。

8. 床身

床身是车床的基础部件，用以连接各主要部件并保证各个部件之间有正确的相对位置。床身上的导轨用来引导刀架和尾座移动，以保证对机床主轴轴线的正确位置。

9. 床腿

床腿用来支承床身，可以通过调整垫块把床身调整到水平状态，并用地脚螺栓把整台车床固定在工作场地上。

二、车床的加工范围

车床主要用于加工各种带有回转表面的零件。在车床上可以车外圆、车端面、车槽、切断、钻中心孔、钻孔、车孔、铰孔、车削各种螺纹、车内外圆锥面、车成形面、滚花、攻螺纹以及盘绕弹簧等。卧式车床的加工范围如图 2－2 所示。

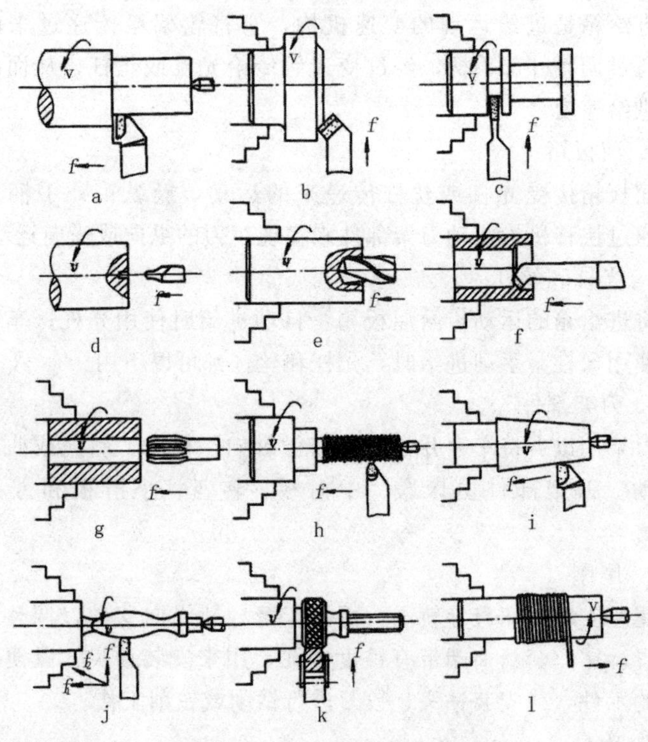

图 2－2　车床的加工范围

a. 车外圆　b. 车端面　c. 切断和车槽　d. 钻中心孔　e. 钻孔　f. 车孔　g. 铰孔　h. 攻螺纹　i. 车圆锥面　j. 车成形面　k. 滚花　l. 盘绕弹簧

三、卧式车床的传动路线

为把电动机的旋转运动转化为工件和车刀的运动，所通过的一系列复杂的传动机构称为车床的传动路线。

如图 2－3 所示，电动机输出的动力经过 V 带传给主轴箱，变换箱外手柄位置，可使箱内不同齿轮啮合，从而使主轴得到各种不同的转速，再经卡盘（或夹具）带动工件做旋转运动完成了主运动。同时，主轴的旋转运动传给交换齿轮箱，再通过进给箱变速后由丝杠或光杠驱动溜板箱和刀架部件，实现了车刀的纵向或横向进给运动。

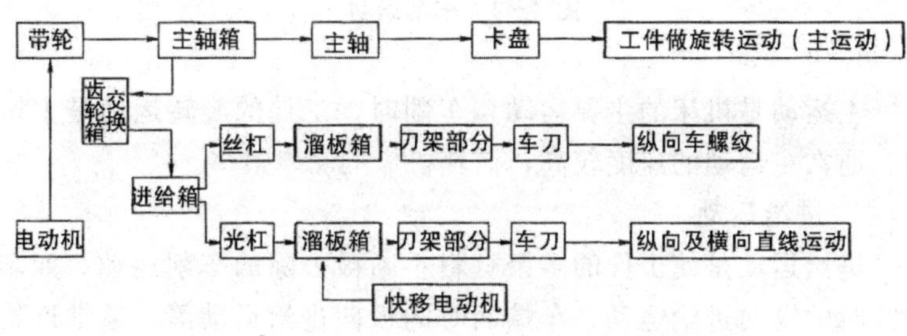

图 2－3　CA6140 型卧式车床传动路线方框图

第三节　车削运动和切削用量

一、车削运动

车削加工时，为了切除多余的金属，必须使工件和车刀产生相对的车削运动。按运动的作用划分，车削运动可分为主运动和进给运动两种，如图 2－4 所示。

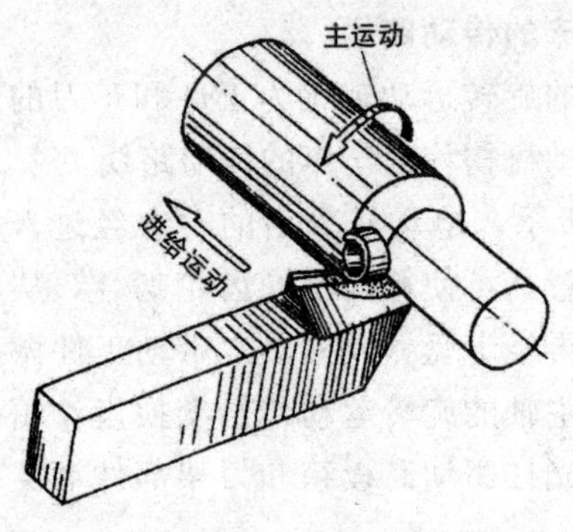

图 2—4　车削运动

1. 主运动

主运动是机床的主要运动，车削时，工件的旋转运动是主运动。通常主运动的速度较高，消耗机床的功率最多。

2. 进给运动

进给运动是使工件的多余材料不断被去除的车削运动。如车外圆时的纵向进给运动，车端面时的横向进给运动等。通常进给运动的速度较低，消耗机床的功率较小。图 2—4 中的进给运动为纵向进给运动。

二、切削用量

1. 切削过程中工件上的表面

车削时，工件上会形成 3 个表面，即已加工表面、过渡表面和待加工表面，如图 2—5 所示。

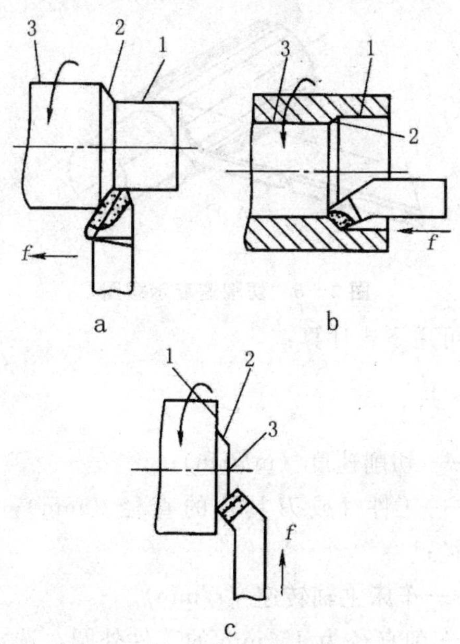

图 2－5　车削时工件上的 3 个表面

a. 车外圆　b. 车孔　c. 车端面

1. 已加工表面　2. 过渡表面　3. 待加工表面

已加工表面——工件上经车刀切削后所形成的新表面。

过渡表面——工件上由切削刃正在形成的表面。

待加工表面——工件上等待切除金属层的表面。

2. 切削用量

切削用量是切削过程中切削速度、背吃刀量和进给量的总称。

（1）切削速度 v_c　车削时，刀具切削刃上的某选定点相对于待加工表面在主运动方向上的瞬时速度，称为切削速度。切削速度也可理解为车刀在 1 分钟内车削工件表面的理论展开直线长度（假定切屑没有变形或收缩），其示意图如图 2－6 所示。

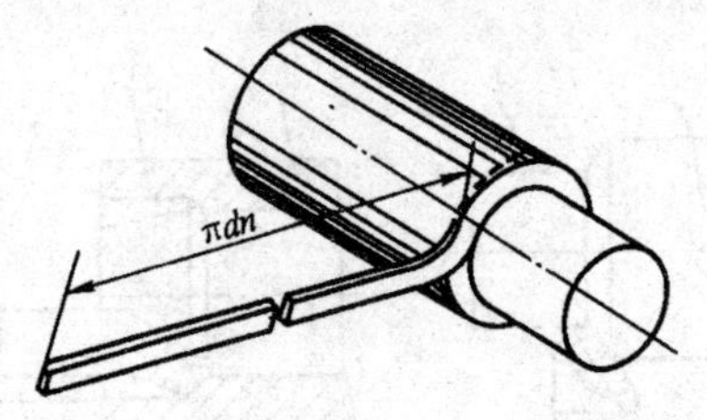

图 2—6　切削速度示意图

切削速度可用下式计算：

$$v_c=\frac{\pi dn}{1000}\approx\frac{dn}{318} \tag{2—1}$$

式中：v_c——切削速度（m/min）；

d——工件（或刀具）的直径（mm），一般取最大直径；

n——车床主轴转速（r/min）。

例 2—1　车削直径为 ϕ50mm 的工件外圆，选定的车床主轴转速为 560r/min，求切削速度。

解：$v_c=\frac{\pi dn}{1000}=\frac{3.14\times50\times560}{1000}=88\text{m/min}$

在实际生产中，往往是已知工件直径，并根据工件材料、刀具材料和加工要求等因素选定切削速度，再将切削速度换算成车床主轴转速，以便调整机床，这时可把切削速度的公式改写成：

$$n=\frac{1000v_c}{\pi d}\approx\frac{318v_c}{d} \tag{2—2}$$

例 2—2　在 CA6140 型车床上车削 ϕ260mm 的带轮外圆，选择切削速度为 80m/min，求车床主轴转速。

解：$n=\frac{1000v_c}{\pi d}\approx\frac{1000\times80}{3.14\times260}=98\text{r/min}$

在调整车床转速时，应根据计算所得的结果，从车床铭牌上选取与之接近的转速。故车削该工件时，应从 CA6140 型车床铭

牌上选取 $n=100\text{r/min}$ 为车床的实际转速。

（2）背吃刀量 a_p　工件上已加工表面和待加工表面间的垂直距离称为背吃刀量，如图 2－7 所示的尺寸 a_p。背吃刀量是每次进给时车刀切入工件的深度，又称为切削深度。

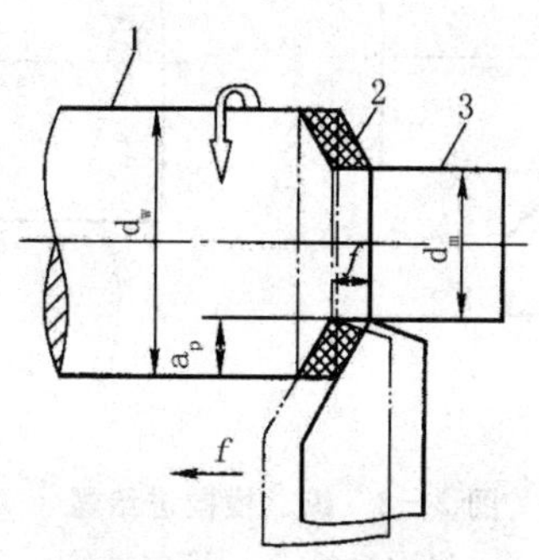

图 2－7　背吃刀量和进给量

1. 待加工表面　2. 过渡表面　3. 已加工表面

车外圆时，背吃刀量可用下式计算：

$$a_p=\frac{d_w-d_m}{2} \tag{2-3}$$

式中 a_p——背吃刀量（mm）；

d_w——工件待加工表面直径（mm）；

d_m——工件已加工表面直径（mm）。

例 2－3　已知工件待加工表面直径为 83mm，现一次进给车至直径为 80mm，求背吃刀量。

解：$a_p=\frac{d_w-d_m}{2}=\frac{83-80}{2}=1.5\text{mm}$

（3）进给量 f　工件每转一周，车刀沿进给方向移动的距离称为进给量，是衡量进给运动大小的参数，如图 2－7 所示的尺寸 f，单位为 mm/r。

根据进给方向的不同，进给量又分为纵向进给量和横向进给量两种，如图 2－8 所示。纵向进给量是指沿车床床身导轨方向的进给量，横向进给量是指垂直于车床床身导轨方向的进给量。

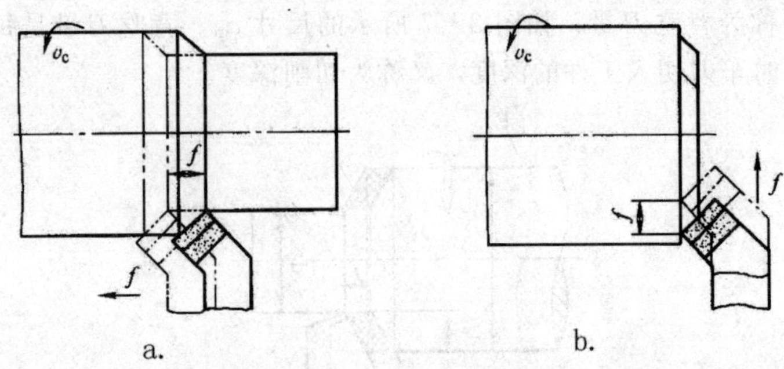

图 2—8　纵、横向进给量

a. 纵向进给　b. 横向进给

第四节　车床的润滑和维护保养

一、车床的润滑

为了使车床正常运转，减少磨损，延长车床的使用寿命，车床上所有摩擦部分（除胶带外）都需及时加油润滑。

如图 2—9 所示为 CA6140 型车床的润滑系统标牌，可以了解该车床润滑系统的润滑部位、润滑周期、润滑要求和润滑剂牌号。润滑部位用数字标出，除了图中所注②处的润滑部位用 2 号钙基润滑脂进行润滑外，其余各部位都用 L－AN46 全损耗系统用油润滑。如$\frac{46}{7}$（圈注）其分子数字表示润滑油类别为 L－AN46 全损耗系统用油，其分母数字表示两班制工作时换（添）油间隔的天数为 7 天。

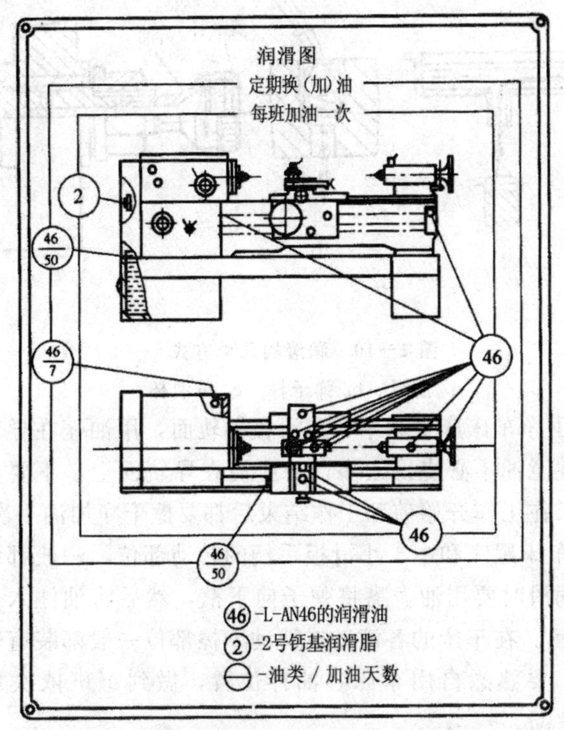

图 2—9　CA6140 型车床润滑系统标牌

车床润滑操作步骤如下：

1. 操作前应观察主轴箱油标孔，主轴箱油位不应低于油标孔的一半。当机床开动时则从油标窗孔观察是否有油输出，如发现主轴箱油量不足或油窗孔无油输出，应及时通知检修人员检查。

2. 打开进给箱盖，检查油绳是否齐全，凡有脱落的要重新插好，然后将全损耗系统用油注在油槽内，油槽内储油量深约 2/3 油槽。由于润滑是利用油绳的毛细管作用（图 2—10a），因此一般每周加油一次即可。

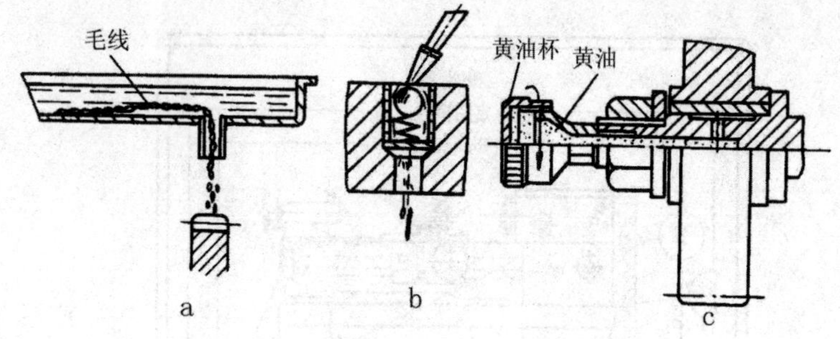

图 2—10　润滑的几种方式

a. 油绳　b. 弹子杯　c. 黄油杯

3. 擦干净车床床身和中、小滑板导轨面，用油壶在导轨上浇油润滑。注意油不必浇得太多，并应浇在导轨面上，不要浇在凹槽内。要求在工作开始前和工作结束后都要擦干净加油一次。

4. 在车床尾座和中、小滑板手柄的转动部位，一般都装有弹子油杯。润滑时要用油壶嘴将弹子向下揿，然后将油注入，如图 2—10b 所示。在车床的各滚动或滑动摩擦部位一般都装有弹子油杯供润滑，要熟悉自用车床各油杯位置，做到每班依次加油一次，不可遗漏。

5. 打开交换齿轮箱盖，在中间齿轮上的油脂杯内装入工业润滑脂，然后将杯盖向里旋进半圈，使润滑脂进入轴承套内，如图 2—10c 所示，要求每周加油装满，每班则须将杯盖向里旋进一次。

6. 丝杠、光杠轴承座上方油孔中加油方法，如图 2－11 所示。由于丝杠、光杠转动速度较快，因此要求做到每班加油一次。

图 2—11　丝杠、光杠轴承润滑

二、车床日常清洁维护保养

1. 每班工作后应擦净车床外表面，擦净车床各导轨面（包括中滑板和小滑板），要求无切屑，无油污，并浇油润滑。

2. 每班工作结束后清扫切屑盘及车床周围场地，保持场地清洁。

3. 每周要求车床 3 个导轨面及转动部件清洁、润滑、油眼畅通，油标油窗清晰，并保持车床外表清洁和场地整齐等。

三、车床的一级保养

当车床运转 500h 后，须进行一级保养。保养工作以操作工人为主，维修工人配合进行。保养时，必须先切断电源，以确保操作安全。

1. 一级保养的操作步骤

（1）清理工作位置，清理机床外表。

（2）拆下并清洗机床各罩壳，保持内外清洁，无锈蚀，无油污。

（3）刀架和滑板部分的保养内容

①方刀架拆下清洗。

②小滑板及其丝杠、螺母、镶条拆卸清洗。

③中滑板及其丝杠、螺母、镶条拆下清洗。

④床鞍防尘油毛毡拆下清洗，加油和复装。

⑤中滑板丝杠、螺母、镶条、导轨加油后复装，调整镶条间隙和丝杠螺母间隙。

⑥小滑板丝杠、螺母、镶条、导轨加油后复装，调整镶条间隙和丝杠螺母间隙。

⑦擦净方刀架底面，涂油，复装，压紧。

（4）尾座部分的保养内容

①尾座套筒和压紧块拆下清洗，涂油。

②尾座丝杠、螺母拆下清洗，加油。

③尾座清洗，加油。

④复装，调整。

（5）主轴箱部分保养内容

①滤油器拆下，清洗，复装。

②检查主轴锁紧螺母有无松动，紧固螺钉是否锁紧。

③调整离合器摩擦片间隙及制动器。

（6）交换齿轮箱部分保养内容

①清洗齿轮、轴套，并在油杯中注入新油脂。

②调整齿轮啮合间隙。

③检查轴套有无晃动现象。

（7）进给箱保养时，要清理进给箱，毛线绳清洗后加油放入原处。缺少的补齐，油池内加油。

（8）清理电动机和主轴带轮，检查，调整 V 带的松紧。

（9）清洗长丝杠，光杠和操作杠，用棉纱擦拭。

（10）润滑部分保养内容

①清洗冷却泵，过滤器，盛液盘。

②检查油路是否畅通，油孔、油绳、油毡应清洁无切屑。

③检查油质，保持良好，油杯齐全，油窗明亮。

（11）电器部分保养内容

①清扫电动机，电器箱。

②电器装置固定整齐。

(12) 清理机床附件，如中心架、跟刀架、配换齿轮及卡盘等并擦洗干净。

(13) 整理机床外观，内容

①安装各罩壳。

②检查补齐螺钉、手柄、手柄球。

四、进行一级保养应注意的事项

1. 要充分做好准备工作。如准备好拆装工具，清洗装置，润滑油料，放置机件的盘子，必要的备件等。

2. 要按照保养步骤进行保养工作。

3. 拆下的机件，要成组安装好，如螺钉要装上垫圈拧在机件上，丝杠要拧上螺母悬挂起来等。

4. 要重视文明操作和组织好工作位置。

第五节　车床的基本操纵

一、车床的操纵练习

1. 变换主轴转速和进给速度

(1) 变换车床主轴转速　卧式车床主轴箱外有变换转速的操纵手柄，改变手柄位置即可得到各种不同的转速。主轴箱上用铭牌注明各种转速并同时用图形表示出各手柄的位置，操作时可按铭牌指示变换手柄位置，即可得到所需要的主轴转速。

变换主轴转速时，转动手柄的力不可过大，若发现手柄转不动或转不到位，主要是主轴箱内齿轮不能啮合，可用手转动卡盘，使齿轮的圆周位置改变，手柄即能扳动。

(2) 变换进给速度　变换手柄位置要根据进给箱铭牌的指示，如机动进给要根据进给量 f 查阅铭牌，如米制螺纹则应按螺距 P 查阅铭牌。车螺纹除调整进给箱外的手柄位置之外，还应按铭牌指示调整交换齿轮箱中的交换齿轮，机动进给由于对 f 值不要求精确，因此一般情况下交换齿轮可不作调整。

CA6140 型车床进给箱手柄，如图 2－12 所示，其操纵方法如下：

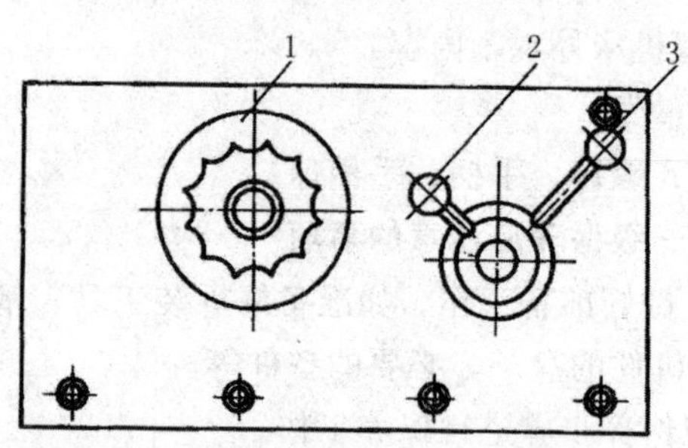

图 2－12　CA6140 型车床进给箱手柄

1、2、3. 手柄

手柄 1 向外拉出后可转动 360°，圆周上有 1～8 个均布的数字，应根据铭牌指示调整，手轮转到需要的位置后，重新推入即可改变进给量或螺距大小。

手柄 2 有 4 个工作位置可供变速，手柄 3 是米制、英制和丝杠、光杠的选择手柄，它的 4 个工作位置分别是米制丝杠、米制光杠、英制丝杠和英制光杠。

变换进给箱手柄位置时，若发现手柄转不动，可用手转动卡盘。

注意：转动卡盘时主轴速度应调整在高速位置，因为低速位置一般用手很难转动。如主轴在空挡位置，则转动卡盘也不起作用。

2. 操纵溜板部分

溜板箱外操纵手柄用途及工作位置一般都用标牌标明，变换各手柄位置可使溜板做纵向或横向运动。

溜板又分为床鞍、中滑板和小滑板。刀架在小滑板上面，可同时装夹 4 把车刀。

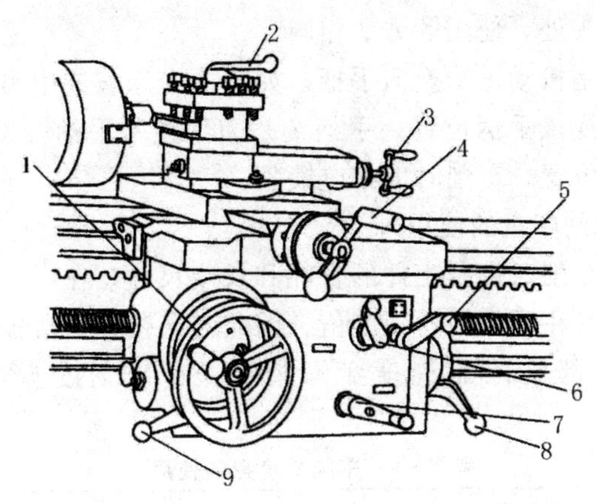

图 2－13　CA6140 型车床溜板箱

1. 手轮　2、3、4、5、6、7、8、9. 手柄

图 2－13 所示为 CA6140 型车床的溜板箱操纵手柄位置，摇动手轮 1 可使床鞍纵向移动，手轮上刻度盘表示床鞍移动距离。旋紧压花螺钉将刻度圈锁紧，如松开螺钉即可用手转动刻度圈调整零位。

摇动手柄 4 使中滑板沿着导轨作横向移动，摇动手柄 3 使小滑板沿着导轨作前后移动，小滑板的下导轨有转盘，可以松开螺钉转动角度。

手柄 5 是开合螺母手柄，如车螺纹可将开合螺母手柄向下揿到“合”位置，机动或手动进给时手柄均应在“开”的位置。手柄 6 是机动进给纵、横向选择手柄，如需纵向进给将手柄置于“纵”，横向进给则置于“横”。手柄 7 是脱落蜗杆自动停止机构，当手柄 6 在“纵”位置时，将手柄 7 向上提起，纵向开始机动进给，当车削力过大或床鞍受到很大阻力时，手柄 7 会自动脱落，使机动进给立即停止，起到了保护机床的作用。

手柄 8 控制操纵杆，操纵杆向上主轴作顺转，操纵杆向下主轴作倒转，操纵杆放中间主轴停止转动。操纵杆手柄有两只，另一只在近床头处，使用的方法相同。

手柄 9 是机动进给换向手柄，如需改变床鞍或中滑板的运动方向，可变换该手柄位置。手柄 2 是刀架锁紧手柄，松开手柄 2 刀架可转换位置，车削时刀架应锁紧。

3. 车床刻度盘的使用

为便于车削时控制工件的直径和长度尺寸，在中、小滑板上都有刻度盘并注明每格的刻度值。因此，床鞍、中滑板、小滑板移动的距离都是依靠刻度盘来控制，车床刻度盘的使用见表2－1。

表 2－1　车床刻度盘的使用

刻度盘	度量移动的距离	手动时操作	机动时操作	整圈格数(格)	车刀移动距离(mm/格)
床鞍刻度盘	纵向移动距离	床鞍手轮	机动进给手柄及快速移动按钮	300	1
中滑板刻度盘	横向移动距离	中滑板手柄		100	0.05
小滑板刻度盘	纵向移动距离	小滑板手柄	无机动进给	100	0.05

(1) 床鞍刻度盘　转动床鞍手轮，每转过 1 格，床鞍移动 1mm；若刻度盘逆时针转过 200 格，则床鞍向左纵向进给 200mm。

(2) 中滑板刻度盘　转动中滑板手柄，每转过 1 格，中滑板横向移动 0.05mm；若刻度盘顺时针转过 20 格，则中滑板横向进给 1mm。

(3) 小滑板刻度盘　转动小滑板手柄，每转过 1 格，小滑板纵向移动 0.05mm；若刻度盘顺时针转过 10 格，则小滑板向左纵向进给 0.5mm。

转动床鞍、中滑板、小滑板手柄时，由于丝杠与螺母之间的配合存在间隙，会产生空行程，即刻度盘已转动，而刀架并未同步移动。

为解决这个问题，要求在使用刻度盘时，要先反向转动适当角度，消除配合间隙，再正向慢慢转动手柄，带动刻度盘转到所需的格数，如图 2－14 所示为消除刻度盘空行程的方法。

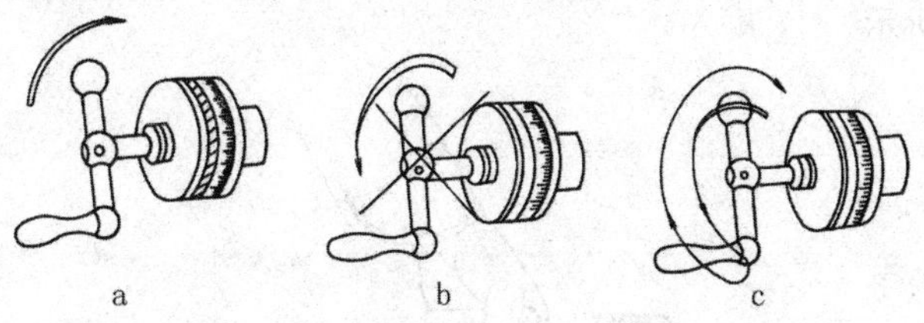

图 2－14　消除刻度盘空行程的方法

如果刻度盘多转动了几格，绝不能简单地退回（图 2－14b），而必须向相反方向退回全部空行程（通常反向转动圈），再转到所需要的刻度位置（图 2－14c）。

4. 纵、横向进给和进、退刀动作

（1）手动进给要求进给速度达到慢而均匀，不间断，操作方法如下：

①纵向手动进给　操作时应站在床鞍手轮的右侧，双手交替摇动床鞍手轮，操作姿势如图 2－15 所示。

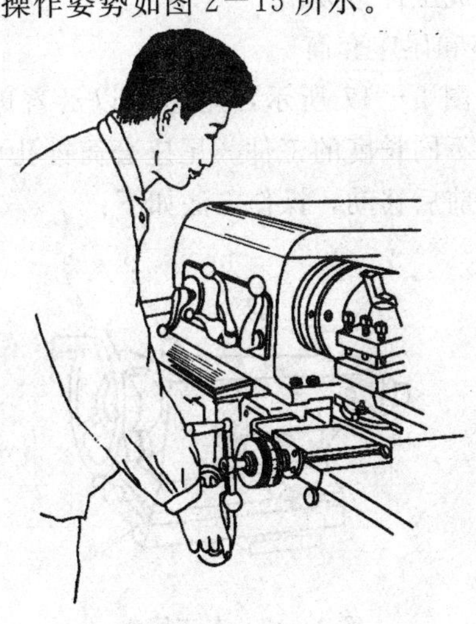

图 2－15　纵向手动进给操作姿势

②横向手动进给　双手交替摇动中滑板手柄，操作方法如图 2－16 所示。

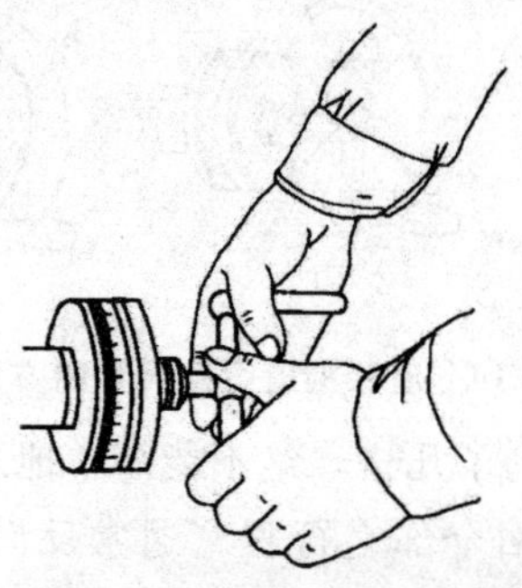

图 2－16　横向手动进给操作姿势

（2）进、退刀操作要求反应敏捷，动作正确。操作的方法是：左手握床鞍手轮，右手握中滑板手柄，双手同时作快速摇动。进刀要求床鞍和中滑板同时向卡盘处移动，退刀的要求则正好相反。进、退刀动作必须十分熟练，否则在车削过程中动作一旦失误，便会造成工件报废。

5. 移动尾座和尾座套筒

车床尾座如图 2－17 所示，尾座可以沿着床身导轨前后移动，以适应支顶不同长度的工件。尾座套筒锥孔可供安装顶尖和钻头，套筒可以前后移动，操作方法如下：

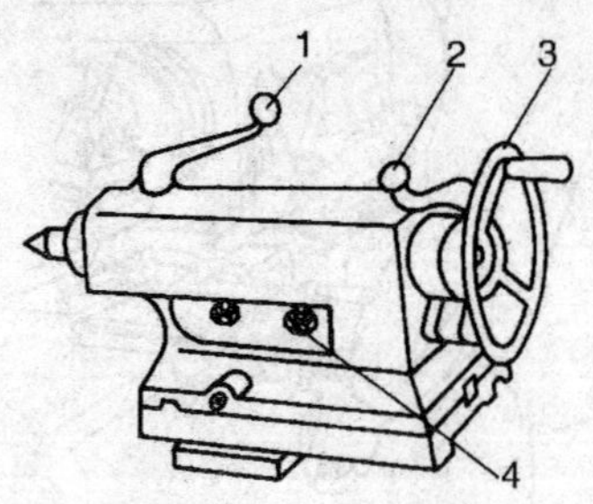

图 2－17　车床尾座

1、2. 手柄　3. 手轮　4. 螺母

（1）尾座的移动和锁紧

①将手柄 2 松开，使尾座底部的压板与床身导轨脱开。

②用手推动尾座，使尾座沿着床身导轨作前、后移动。

③将手柄 2 扳紧，使尾座底部的压板紧压在床身导轨上，使尾座锁紧。有的车床尾座如无锁紧手柄，可以直接用扳手将压紧螺母 4 扳紧。

（2）尾座套筒的移动和锁紧

①摇动手轮 3 使套筒前、后移动。

注意：套筒不要伸出过长，以免影响支持刚性和防止套筒伸出到极限而使套筒内的丝杠与螺母脱开。

②扳紧手柄 1 尾座套筒就锁紧。

二、车床的机动操纵

1. 准备工作

（1）将车床主轴速度调整在 100r/min 左右。

（2）摇动床鞍手轮，将床鞍移至床身的中间位置。

（3）调整进给箱手柄位置使进给量 $f\approx0.3$mm/r。

（4）用手转动卡盘一周，检查与机床有无碰撞处，并检查各手柄是否处于正确位置。

2. 机动操纵

（1）车床的开动、停止和变换速度

①接通机床电源，将旋钮开关转到接通的位置。

②揿起动按钮，按钮向下揿，指示灯亮，电动机即开始起动，由于操纵杆在中间位置，所以车床主轴尚未转动。

③将操纵杆向上提起，主轴作顺向转动，操纵杆放中间，主轴停止转动，此时电动机仍在转动。如需离开机床应揿停止按钮，使电动机停止转动。

在车削过程中因装夹、测量等需要主轴作短暂停止时，应利用操纵杆停机，不要揿停止按钮，因为电动机频繁起动容易损坏。

操纵杆向下，主轴作倒转，除车螺纹外一般情况下主轴不使用倒转。

注意：变换主轴转速时一定要先停车，以免损坏主轴箱内齿轮。

(2) 纵、横向机动进给

①纵向机动进给　将床鞍移向床身的中间，开动机床。

将机动进给选择手柄调整到“纵”位置，操纵机动进给手柄使床鞍向卡盘方向移动，如移动方向相反，可变换换向手柄位置。

②横向机动进给　摇动中滑板手柄，使刀架前面后退至离卡盘中心约100mm处。开动机床将机动进给选择手柄调整到“横”位置，操纵机动进给手柄使中滑板向卡盘方向移动。

横向机动进给应注意中滑板向前移动时刀架前面不要超过卡盘中心，以防止中滑板丝杠与螺母脱开。如反向进给应防止中滑板后退时与刻度盘相撞而损坏。

第六节　卡盘及其卡爪的装卸

一、卡爪的装卸

三爪自定心卡盘一般备有正、反两副卡爪，卡爪有整体式和装配式两种，如图2—18所示。装配式卡爪，正爪卸下后倒过来装即成反爪。

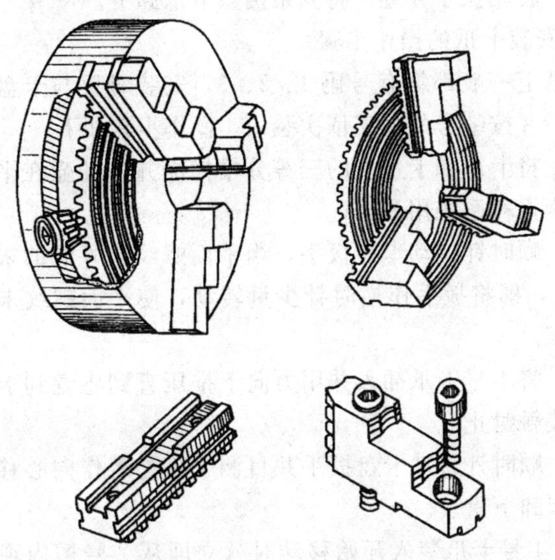

图 2－18　三爪自定心卡盘

1. 卸下卡爪的操作步骤

(1) 将扳手插入卡盘上的方形孔内，逆时针转动扳手使卡爪作移动，直到卡爪伸出卡盘外圆后右手托住最下面的卡爪，左手继续转动，如图 2－19 所示，直到这个卡爪从卡盘上滑出或能用手拉出为止。

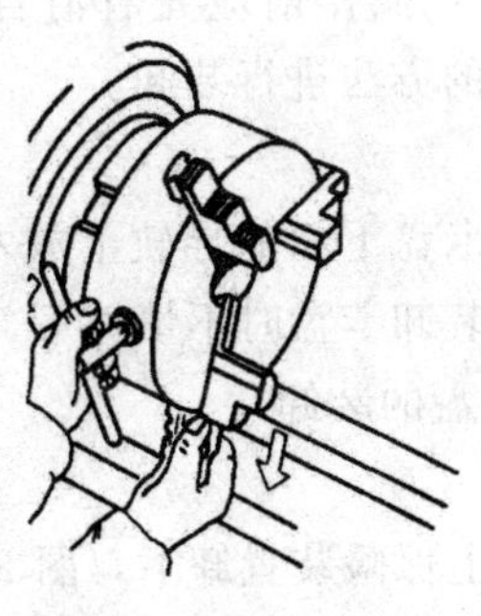

图 2－19　卸下卡爪

（2）转动扳手并逐一将其余两只卡爪卸下。

2. 安装卡爪的操作步骤

卡爪上一般都编有号码 1、2、3，安装时要与卡盘上的编号相符合，并按编号的顺序依次装入。操作步骤如下：

（1）将卡爪和卡盘上的三等分槽擦净并用油壶在平面螺纹上加少量全损耗系统用油。

（2）顺时针转动卡盘扳手，当平面螺纹最外圈的末端显露在 1 号槽时，即将扳手作逆时针少量转动，使平面螺纹末端刚好退出 1 号槽。

（3）将 1 号卡爪插入并用力向下推压直到感觉到卡爪与平面螺纹相接触时止。

（4）顺时针转动卡盘扳手并目测卡爪是否作向心移动，如卡爪未动应卸下重装。

（5）1 号卡爪装入开始移动时就立即从 2 号槽内观察平面螺纹外圈末端是否已露出，再用同样的方法装 2 号和 3 号卡爪。

（6）3 只卡爪全部装入后，要继续转动扳手，如 3 只卡爪能同时到终点合在一起说明安装正确。反之就说明安装时平面螺纹多转了一圈，使其中一卡爪超前或落后，应卸下重新安装。

二、卡盘的装卸

卡盘与主轴的联接方式通常有两种，一种是螺纹联接型，另一种是法兰盘联接型，操作前应先看清自用车床的卡盘联接方式，然后再采用相应的方法进行装卸。

1. 准备工作

装卸卡盘时应在卡盘下面的导轨上放木板，在主轴孔和卡盘中插一根铁棒，以防装卸卡盘时不慎掉下，而砸坏机床导轨面。

2. 螺纹联接型卡盘的装卸

（1）卸下卡盘

①将卡盘联接盘上保险装置卸下，图 2－20a 所示。

②在操作者对面卡爪与导轨面之间放一硬木块或有色金属棒

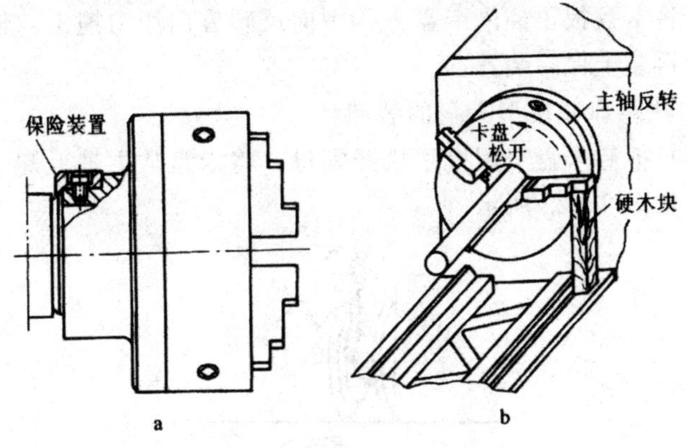

图 2—20　松开卡盘的方法

料，其高度必须使卡爪处于水平位置，如图 2—20b 所示。然后将主轴转速调整到最低速度，揿动起动按钮开倒车，主轴作反向旋转时，卡爪撞击硬木块使卡盘松开后立即停机，用手将卡盘慢慢旋下，如图 2—21 所示。

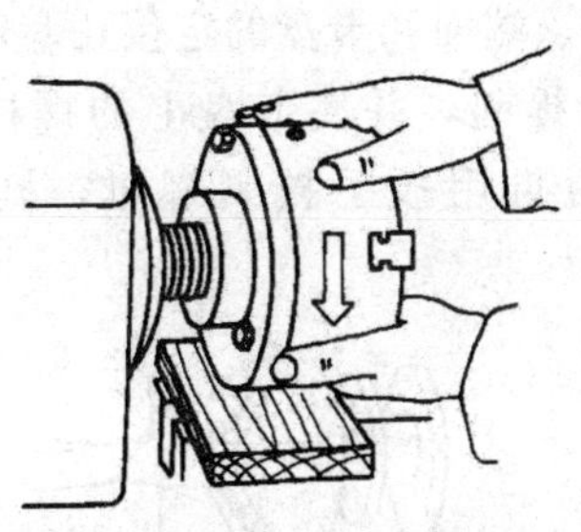
图 2—21　卸下卡盘

(2) 安装卡盘　安装卡盘时必须先切断电源，以确保安全。

①把车床主轴的螺纹及端面全部擦干净，并加少量润滑油。把卡盘联接盘的端面和内孔螺纹等擦干净。

②把车床主轴转速调整到最低速度。

③把卡盘旋入主轴螺纹，当联接盘端面即将与主轴端面相接

触时，将卡盘扳手插入卡盘方孔中向反转方向用力撞击，使卡盘旋紧后再装上保险装置。

3. 法兰盘联接型卡盘的装卸

(1) 拆卸卡盘　用扳手松开螺母，将卡盘从主轴上卸下，操作方法如图 2－22 所示。

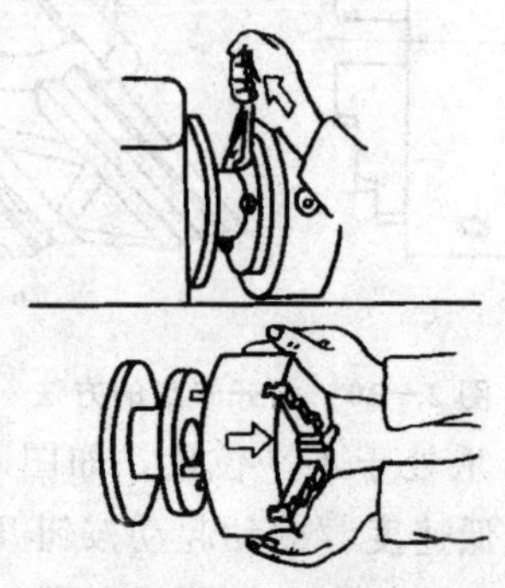

图 2－22　法兰盘联接型卡盘的卸下

(2) 安装卡盘

①把主轴外圆、端面和卡盘的定位孔、定位面均擦干净。

②双手将卡盘提起，并使卡盘上的螺栓对准主轴上的螺栓孔，当卡盘装上后再用扳手拧紧螺母，操作方法如图 2－23 所示。

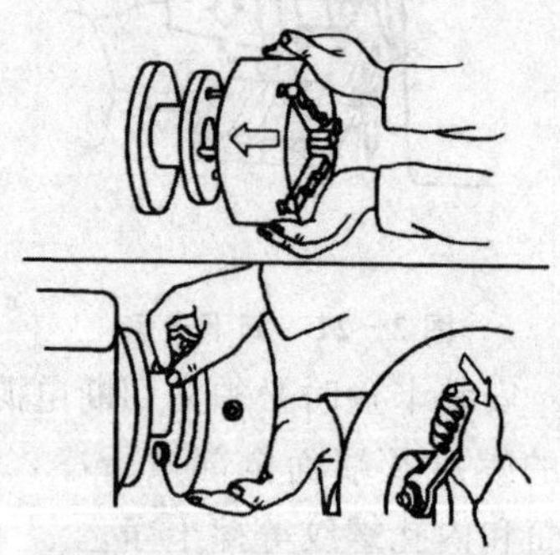

图 2－23　法兰盘联接卡盘安装

第三章　车　　刀

第一节　车刀的种类、用途及常用车刀材料

一、车刀的种类和用途

1. 常用车刀的种类、用途

车削加工时，根据不同的车削要求，需选用不同种类的车刀。常用的车刀种类及用途见表 3—1。

表 3—1　常用车刀的种类及其用途

车刀种类	车刀外形图	用　途	车削示意图
90° 车刀（偏刀）		车削工件的外圆、台阶和端面	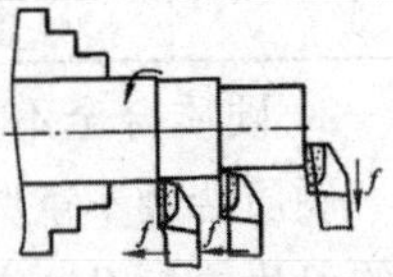
75°车刀		车削工件的外圆和端面	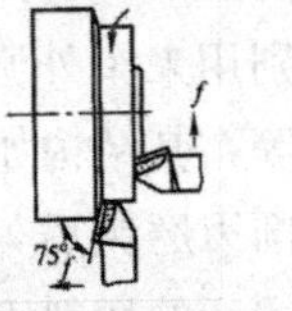
45° 车刀（弯头车刀）		车削工件的外圆、端面或进得 45°倒角	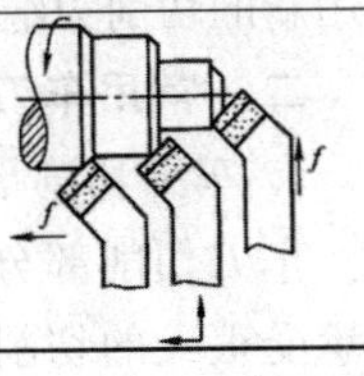

续表

车刀种类	车刀外形图	用　途	车削示意图
切断刀		切断或在工件上车槽	
内孔车刀		车削工件的内孔	
圆头车刀		车削工件的圆弧面或成形面	
螺纹车刀		车削螺纹	

2. 硬质合金不重磨车刀

硬质合金不重磨车刀有各种不同形状和角度的刀片，与刀柄之间用机械卡固的方法固定，分别用来车外圆、车端面、切断、车螺纹、车孔等，其结构如图 3－1 所示。当刀片上的一个切削刃磨钝后，只需将刀片转过一个角度，即可用新的切削刃继续车削，从而缩短了换刀和磨刀的时间。

图 3－1　硬质合金不重磨车刀

二、常用车刀材料

1. 车刀切削部分应具备的基本性能

车刀切削部分在很高的切削温度下工作，经受强烈的摩擦，并承受很大的切削力和冲击力，所以车刀切削部分的材料应具备以下几种性能：

(1) 较高的硬度；

(2) 较高的耐磨性；

(3) 足够的强度和韧性；

(4) 较高的耐热性和导热性；

(5) 良好的工艺性和经济性。

2. 车刀切削部分常用的材料

目前，车刀切削部分常用的材料有高速钢和硬质合金两大类。

(1) 高速钢　又称锋钢、白钢，是含钨（W)、钼（Mo)、铬（Cr)、钒（V）等合金元素较多的合金工具钢。高速钢刀具制造简单，刃磨方便，容易通过刃磨得到锋利的刃口；而且韧性较好，常用于承受冲击力较大的场合。特别适用于制造形状复杂的切削刀具，如钻头、丝锥、铣刀、拉刀、齿轮刀具等。但是高速钢的耐热性较差，因此不能用于高速切削。

高速钢的类别、常用牌号、性质及应用见表 3－2。

表 3－2　高速钢的类别、常用牌号、性质及应用

类别	常用牌号	性质	应用
钨系	W18Cr4V (18－4－1)	性能稳定，刃磨及热处理工艺控制较方便	金属钨的价格较高，用量逐渐减少
钨钼系	W6M05Cr4V2 (6－5－4－2)	最初是国外为解决缺钨而研制出来的，用以取代高速钢 W18Cr4V(以 1% 的钼取代 2% 的钨)。其高温塑性与冲击韧度都超过 W18Cr4V 钢，而其切削性能却大致相同	用于制造热轧工具，如麻花钻等
	W9M03Cr4V (9－3－4－1)	根据我国资源的实际情况而研制的刀具材料，其强度和韧性均优于 W6M05Cr4V2 钢，高温塑性和切削性能良好	用量将逐渐增多

(2) 硬质合金　是用钨和钛的碳化物粉末加钴作为黏结剂，高压压制成形后再经过高温烧结而成的粉末冶金制品。硬质合金具有较高的耐磨性和耐热性，能耐 850℃～1 000℃高温，硬度可

达74～82HRC。切削钢时，切削速度可达220m/min。耐用度比高速钢高几十倍，因此得到广泛的应用。但硬质合金的抗弯强度低，冲击韧性差，使用中很少制成整体刀具，一般制成各种形状的刀片焊接或夹固在刀体上。

硬质合金的分类、用途、性能、代号以及与旧牌号的对照见表3－3。

表3－3　硬质合金的分类、用途、性能、代号以及与旧牌号的对照

<table>
<tr><th rowspan="2">类别</th><th rowspan="2">用　途</th><th rowspan="2">被加工材料</th><th rowspan="2">常用代号</th><th colspan="2">性　能</th><th rowspan="2">适用加工阶段</th><th rowspan="2">相当于旧牌号</th></tr>
<tr><th>耐磨性</th><th>韧性</th></tr>
<tr><td rowspan="3">K类(钨钴类)</td><td rowspan="3">适用于加工铸铁、有色金属等脆性材料或冲击性较大的场合。在切削难加工材料或振动较大(如断续切削塑性金属)的特殊情况时也较合适</td><td rowspan="3">适用于加工短切屑的黑色金属、有色金属及非金属材料</td><td>K01</td><td rowspan="3">↑</td><td rowspan="3">↓</td><td>精加工</td><td>YG3</td></tr>
<tr><td>K10</td><td>半精加工</td><td>YG6</td></tr>
<tr><td>K20</td><td>粗加工</td><td>YG8</td></tr>
<tr><td rowspan="3">P类(钨钛钴类)</td><td rowspan="3">适用于加工钢或其他韧性较好的塑性金属，不宜用于加工脆性金属</td><td rowspan="3">适用于加工长切屑的黑色金</td><td rowspan="3">P01</td><td rowspan="3">↑</td><td rowspan="3">↑</td><td>精加工</td><td rowspan="3">YT30</td></tr>
<tr><td>半精加工</td></tr>
<tr><td>粗加工</td></tr>
<tr><td rowspan="2">M类[钨钛钽(铌)钴类]</td><td rowspan="2">既可加工铸铁、有色金属，又可加工碳素钢、合金钢，故又称为通用合金。主要用于加工高温合金、高锰钢、不锈钢以及可锻铸铁、球墨铸铁、合金铸铁等难加工材料</td><td rowspan="2">适用于加工长或短切屑的黑色金属和有色金属</td><td>M10</td><td rowspan="2">↑</td><td rowspan="2">↓</td><td>精加工、半精加工</td><td>YW1</td></tr>
<tr><td>M20</td><td>半精加工、粗加工</td><td>YW2</td></tr>
</table>

第二节　车刀角度

一、车刀切削部分的组成

车刀由刀头和刀柄两部分组成。刀头担负切削工作，故又称为切削部分，由硬质合金或高速钢等材料制成。刀柄用来把车刀装夹在刀架上，所以又称夹持部分，一般由45钢制造，也可用高速钢方条直接磨制车刀。

如图3－2所示为车刀的结构，切削部分由若干刀面和切削刃组成。

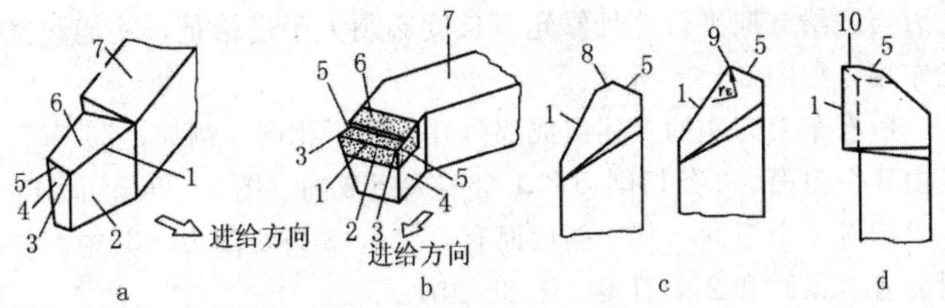

图3－2　常用车刀的结构

a. 75°车刀　b. 45°车刀　c. 过渡刃　d. 修光刃

1. 主切削刃　2. 主后面　3. 刀尖　4. 副后面　5. 副切削刃　6. 前面　7. 刀柄　8. 直线型过渡刃　9. 圆弧型过渡刃　10. 修光刃

1. 前面

前面是切屑沿着它流出的表面，也就是车刀的上面。

2. 主后面

主后面是与工件切削表面相对的那个面。

3. 副后面

副后面是与工件已加工表面相对的那个面。

4. 主切削刃

主切削刃是前面和主后面的交线，它担负着主要的切削任务。

5. 副切削刃

副切削刃是前面和副后面的交线，它担负少量的切削任务。

6. 刀尖

刀尖是主切削刃和副切削刃的相交部分。为了提高刀尖强度并延长车刀使用寿命，多将刀尖磨成圆弧型或直线型过渡刃（见图 3－2c）。圆弧型过渡刃又称刀尖圆弧，一般硬质合金车刀的刀尖圆弧半径 r_{ε}＝0.5～1mm。

7. 修光刃　副切削刃近刀尖处一小段平直的切削刃称为修光刃。切削时，它起到修光已加工表面的作用。装刀时，必须使修光刃与进给方向平行，且修光刃长度必须大于进给量，才能起修光作用，如图 3－2d 所示。

所有车刀刀头的上述组成部分并不完全相同。例如，75°车刀是由 3 个刀面、2 条切削刃和 1 个刀尖组成的（图 3－2a）；而 45°车刀却有 4 个刀面（其中副后面有 2 个）、3 条切削刃（其中副切削刃有 2 条）和 2 个刀尖（图 3－2b）。

二、车刀几何角度的定义

1. 3 个辅助平面

为了研究和测量车刀的切削角度，设想 3 个辅助平面作为基准面，如图 3－3 所示。

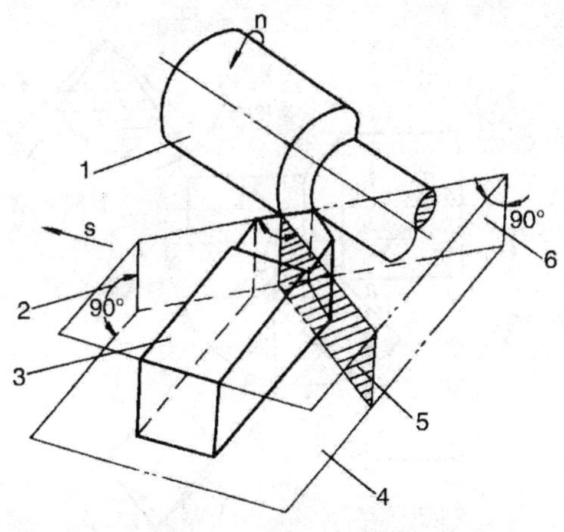

图 3—3　车刀上的 3 个辅助平面

1. 工件　2. 基面　3. 车刀　4. 底平面　5. 正交平面　6. 切削平面

（1）基面　主切削刃上一点的基面，是通过该点而又垂直于该点的切削速度方向的平面。

（2）切削平面　主切削刃上一点的切削平面，是通过该点与工件切削表面相切的平面。

（3）正交平面　主切削刃上任一点的正交平面，是通过该点并垂直于主切削刃在基面上的投影的平面。

以上 3 个平面是相互垂直的。

2. 车刀几何角度

车刀的主要几何角度有前角（γ_0）、后角（α_0）、主偏角（k_r）、副偏角（k'_r）、刃倾角（λ_s）、刀尖角（ε_r）等，以外圆车刀为例如图 3－4 所示。

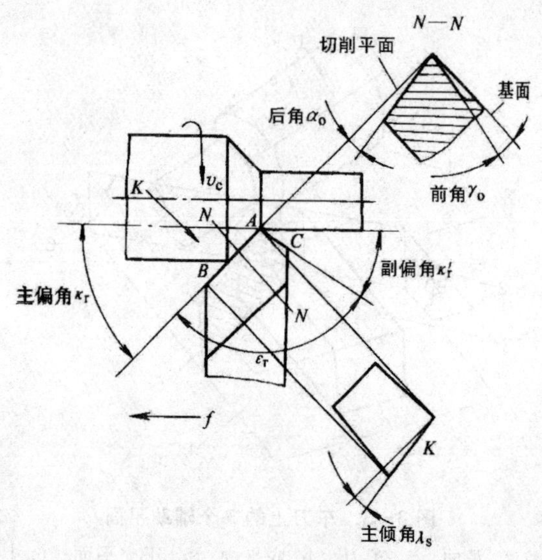

图 3－4　外圆车刀的几何角度

（1）前角（γ_0）　在正交平面内测得的基面与前面的夹角称为前角。前角影响刃口的锋利程度和强度，影响切屑变形和切削力。前角增大可使车刀刃口锋利，切削省力，减少切屑变形并使切屑排出顺利，但使刀刃强度降低。切削塑性材料时，由于切屑易于变形成带状，刀刃不易崩坏，故前角宜取较大值。如用硬质合金车刀加工钢件时，一般选取 $\gamma_0=10°\sim20°$；切削脆性材料时，切屑变形小，成崩碎状，且具有较大的冲击力，容易崩坏刀尖，故前角宜取小些，用硬质合金车刀加工脆性材料时，一般选取 $\gamma_0=5°\sim15°$。

（2）后角（a_0）　在正交平面内测得的主后面与切削平面之间的夹角称为后角。主要作用是在车削时减少主后面与工件的摩擦，降低切削时的振动，提高工件的表面质量。一般取 3°～12°。粗加工或切削较硬材料时宜取小值，精加工或材料较软时宜取大值。

（3）主偏角（k_r）　主切削刃在基面上的投影与进给方向之

间的夹角称为主偏角。主偏角的作用是能改善切削条件和提高刀具寿命，并且通过调整可以减少径向力，便于加工细长轴工件。在背吃刀量不变时，k_r 减小，刀刃参加切削的长度增加，刀刃单位长度上受力减小，而且散热情况好。但刀具对工件的径向力加大，易顶弯工件，一般取 $k_r=45°$、75°、90°；加工细长轴时可取 $k_r \geqslant 90°$。

（4）副偏角（k'_r） 进给运动反方向与副切削刃之间在基面上投影的夹角称为副偏角。副偏角的作用是减少副切削刃与已加工表面之间的摩擦，以提高工件表面质量。减小 k'_r 有利于改善工件表面粗糙度；但太小在切削过程中会引起振动，75°、90°车刀一般取 $k'_r=5°\sim15°$。

（5）刃倾角（λ_s） 在切削平面内测得的主切削刃与基面之间的夹角称为刃倾角。主要作用是控制切屑流出的方向。一般取 $\lambda_s=-4°\sim4°$。

刃倾角有零度、正值和负值 3 种，如图 3－5 所示。

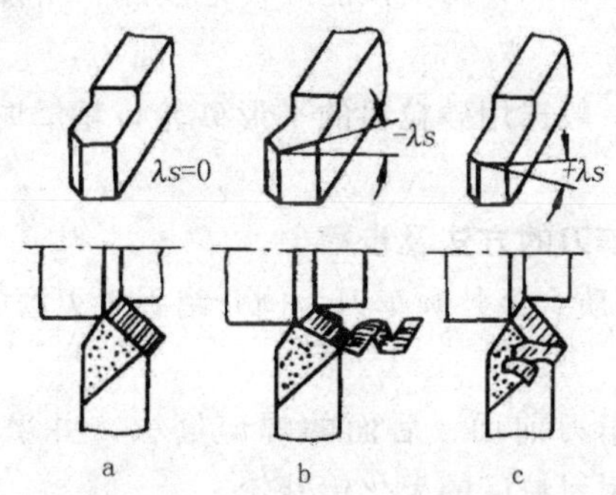

图 3－5 车刀刃倾角影响排屑方向

a. $\lambda_s=0$ b. $\lambda_s<0$ c. $\lambda_s>0$

①当 $\lambda_s=0$ 时，切屑基本上垂直于主切削刃方向排出。

②当 $\lambda_s>0$ 时，切屑排向工件待加工表面方向。

③当 $\lambda_s<0$ 时，切屑排向工件已加工表面方向。

（6）刀尖角（ε_r）　主切削刃和副切削刃在基面上投影之间的夹角称为刀尖角。刀尖角的大小取决于主偏角和副偏角的大小，是决定刀头强度的重要因素。

第三节　车刀的刃磨

车刀用钝后，需进行刃磨，才能达到所需要的几何角度和形状。车刀刃磨可在砂轮机上手工刃磨，也可在磨刀机（工具磨床）上进行机械刃磨。下面介绍车刀手工刃磨的方法。

一、砂轮的选用

刃磨车刀的砂轮有两种：一种是白色氧化铝砂轮；另一种是绿色碳化硅砂轮。刃磨时必须根据刀具材料来决定砂轮种类。氧化铝砂轮韧性好，比较锋利，自锐性好，但砂粒硬度稍低，所以用来刃磨高速钢车刀和硬质合金车刀的刀柄部分。绿色碳化硅砂轮硬度高，刃口锋利，切削性能好，但较脆，所以用来刃磨硬质合金车刀。

粗磨车刀一般选用砂粒粗的平形砂轮，精磨时选用砂粒细的杯形砂轮。

二、刃磨车刀的方法及步骤

现以 90°硬质合金外圆车刀为例介绍手工刃磨的步骤。

1. 粗磨

（1）先把车刀前面、后面的焊渣磨去，并磨平车刀的底平面。磨削时采用粗粒度的氧化铝砂轮。

（2）粗磨主后角和副后角的刀杆部分，其后角应比刀片后角大 2°～3°，以便刃磨刀片上的后角。磨削时采用粗粒度的氧化铝砂轮。

（3）粗磨刀片上的主后角、副后角和前面　粗磨出的主后角、副后角应比所要求的后角大 2°左右，刃磨方法如图 3－6 所示。刃磨时采用粗粒度的绿色碳化硅砂轮。

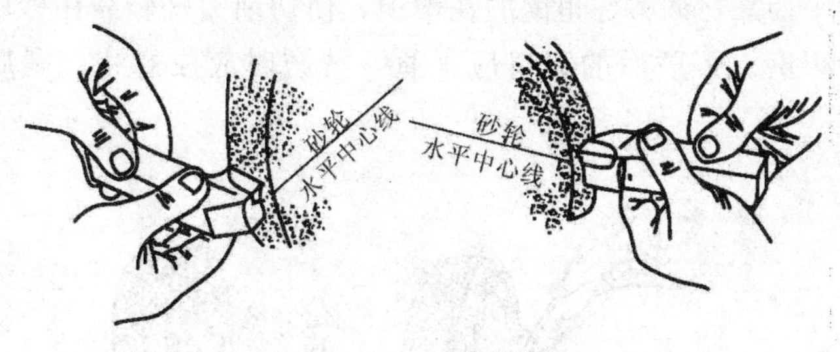

a. 粗磨主后角　　　　　　　　b. 粗磨副后角

图 3－6　粗磨主后角、副后角

2. 刃磨断屑槽

断屑槽一般有两种形状，即圆弧形和直线形。如刃磨圆弧形断屑槽的车刀，必须先把砂轮的外圆跟平面的交角处用硬砂条修整成相适应的圆弧。如刃磨直线形车刀断屑槽，砂轮的交角就必须修整得尖锐。刃磨时，刀尖可向上磨或向下磨如图 3－7。

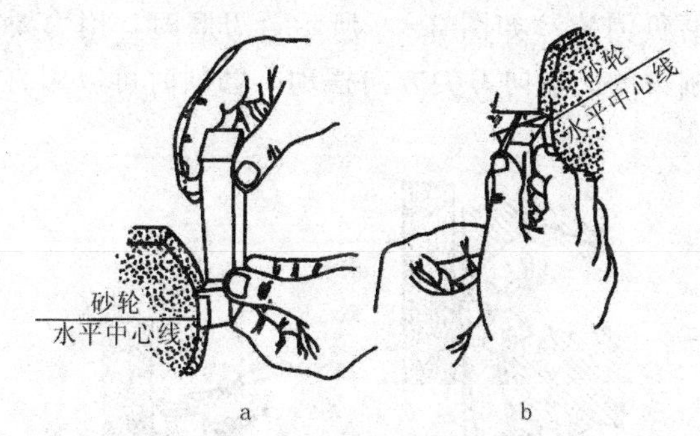

a　　　　　　　　b

图 3－7　刃磨圆弧的方法

a. 在砂轮左角上刃磨　b. 在砂轮右角上刃磨

刃磨断屑槽时，应考虑留出倒棱的宽度。刃磨时的起点位置应该跟刀尖、主刀刃离开一小段距离。决不能一开始直接刃磨到主刀刃和刀尖上，而使刀尖的刃口磨坍。

3. 精磨

（1）精磨主后角和副后角　如图 3－8 所示，刃磨时，将车刀底平面靠在调整好角度的托架上，使切削刃轻轻靠住砂轮端面进行刃磨。刃磨后的刃口应平直，精磨时应注意主、副后角的角度。

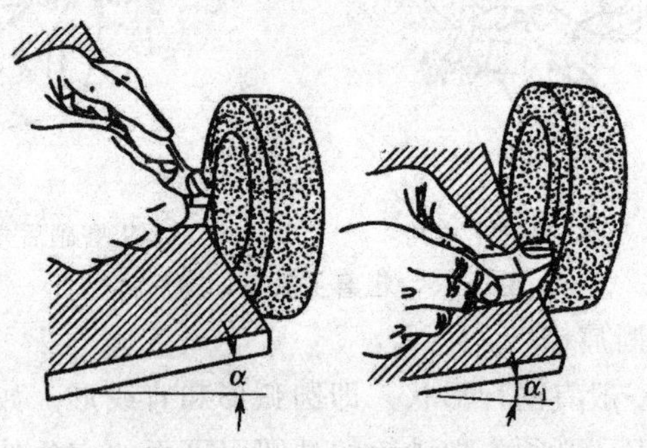

a. 精磨主后角　b. 精磨副后角

图 3－8　精磨主后角和副后角

（2）磨负倒棱　如图 3－9 所示，刃磨时，用力要轻，车刀要沿主切削刃的后端向刀尖方向摆动。磨削时可以用直磨法和横磨法。

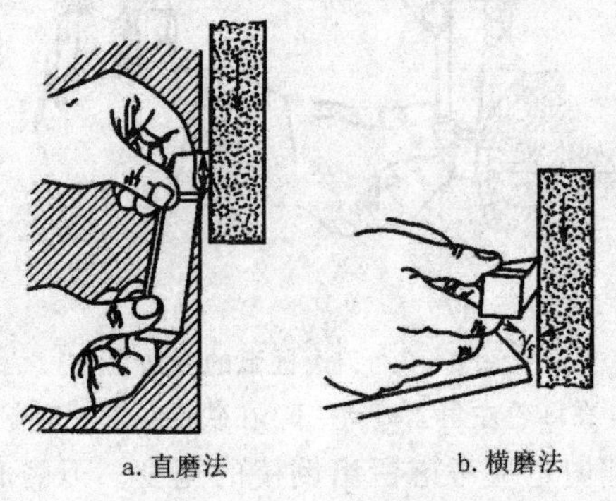

a. 直磨法　b. 横磨法

图 3－9　磨负倒棱

（3）磨过渡刃　过渡刃有直线形和圆弧形两种，如图 3－10 所示。刃磨方法和精磨后刀面基本相同。

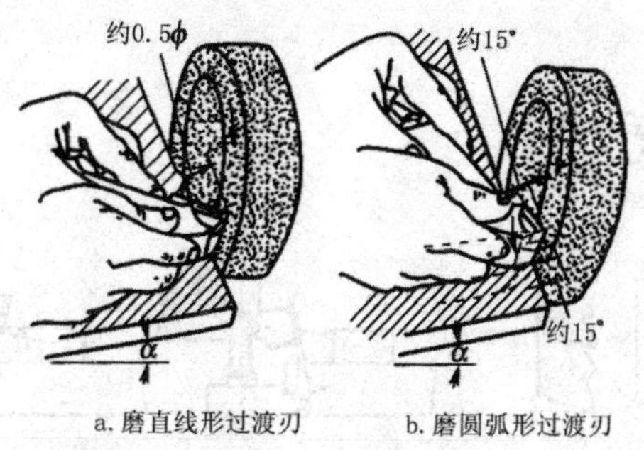

图 3－10　磨过渡刃

三、研磨

经过刃磨的车刀，用油石加少量机油对刀刃进行研磨可以提高刀具的耐用度和加工工件的表面质量。

用油石研磨车刀时，手持油石要平稳，如图 3－11 所示。油石跟车刀被研磨表面接触时，要贴平需要研磨的表面平稳移动，推时用力，回来时不用力。研磨后的车刀，应消除刃磨的残留痕迹，刃面粗糙度应达到 R_a0.10～0.20μm。

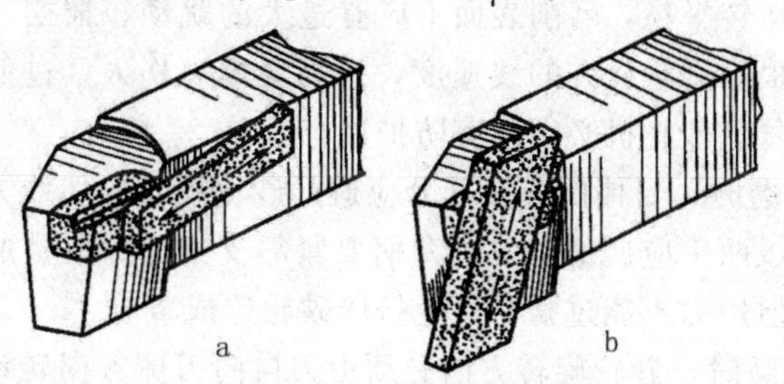

图 3－11　用油石研磨车刀

四、测量车刀角度

车刀磨好后，必须测量角度是否符合要求。用样板测量车刀角度的方法如图 3－12a 所示。先用样板测量车刀的后角，然后检查楔角。如果这两个角度已符合要求，那么前角也就正确了。

角度要求准确的车刀，可以用车刀量角台进行测量其角度，如图 3－12b。

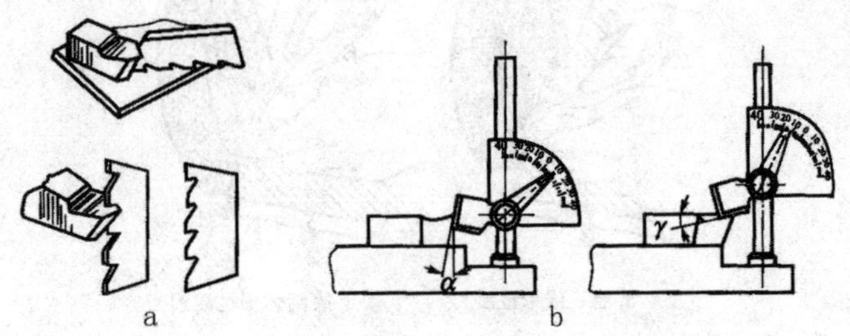

图 3－12　用样板和量角器测量车刀的角度

a. 样板测量车刀角度　b. 量角台测量车刀角度

五、刃磨时的注意事项

1. 根据车刀材料正确选用砂轮，否则将达不到良好的刃磨效果。

2. 安装新砂轮时，必须严格检查砂轮的质量。新砂轮未装上前，先用硬木轻轻敲击，试听是否有碎裂声。安装时必须保证装夹牢靠，运转平稳，磨削表面不应有过大的跳动、摇摆。砂轮旋转速度应根据砂轮允许的线速度，过高会爆裂伤人，过低又会影响刃磨质量。砂轮机必须装有防护罩。

3. 刃磨时，身体的主要部分应避开砂轮旋转的切线方向，戴好护目镜，两手应握稳车刀，刀柄要紧靠支架，并使被磨表面轻贴砂轮，但用力不能过猛，以免挤碎砂轮造成事故。

4. 刃磨时，砂轮旋转方向必须由刃口向刀体方向转动，以免造成刀刃出现锯齿形缺陷。

5. 刃磨时，刀具应在砂轮圆周上左右移动或前后移动，让砂轮均匀磨耗而不出现沟槽。

6. 不要在砂轮两侧面上粗磨车刀，以免砂轮受力偏摆、跳动甚至破碎。

7. 刃磨硬质合金车刀时不要蘸水，以免刀片收缩变形产生裂纹而影响使用。刃磨高速钢车刀时，则需要及时蘸水冷却，这样刀头不会因磨削时温度升高而产生退火现象。

8. 刃磨工作完毕，应随手关闭砂轮机电源。

第四节　车刀的安装

车刀安装得是否正确，直接影响切削的顺利进行和工件的加工质量。所以应掌握正确安装车刀的方法。车刀的正确安装方法如图 3－13 所示。

一、确定车刀的伸出长度

车刀在刀架上的伸出长度不宜太长，否则切削时刀杆刚性相对减弱，容易产生振动。把车刀放在刀架装刀面上，车刀伸出刀架部分的长度约等于刀柄高度的 1.5 倍。

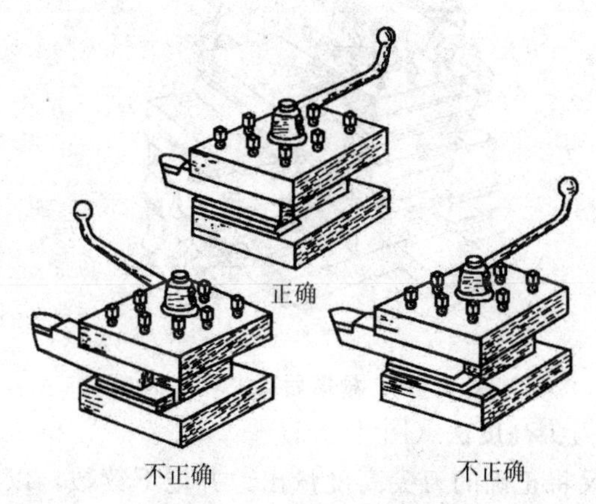

图 3－13　车刀的安装

二、车刀刀尖对准工件中心的方法

车刀刀尖一般应与车床主轴中心线等高，或与工件中心等高，以便能更好地发挥刀具的切削效能。装刀时一般先用目测法大致调整至中心后，再利用尾座顶尖高度或用测量刀尖高度的方法将车刀装至中心。具体的操作方法如下：

1. 目测法

移动床鞍和中滑板，使刀尖靠近工件，目测刀尖与工件中心的高度差，选用相应厚度的垫片垫在刀柄下面。注意选用的垫片必须平整，数量尽可能少，以免引起车刀振动，影响切削，垫片安放时要与刀架面齐平。

2. 顶尖对准法（图 3—14）

使车刀刀尖靠近尾座顶尖中心，根据刀尖与顶尖中心的高度差调整刀尖高度，刀尖应略高于顶尖中心 0.2～0.3mm，当螺钉紧固时，车刀会被压低，这样刀尖的高度就基本与顶尖的高度一致。

图 3—14　根据后顶尖对中心

3. 测量刀尖高度法（图 3—15）

用钢直尺将正确的刀尖高度量出，并记下读数，以后装刀时就以此读数来测量刀尖高度进行装刀。

上述 3 种方法装刀均有一定误差，在一般情况下可以使用，但如车端面、圆锥等要求车刀必须严格对准工件中心时，就要用车端面的方法进行精确找正。

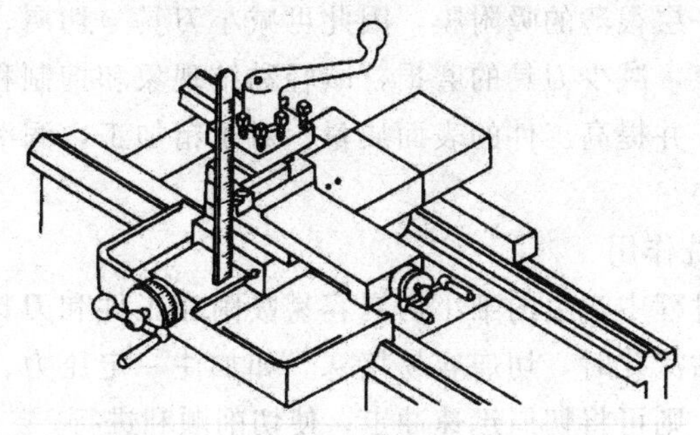

图 3－15 用钢直尺测量刀尖高度

4. 车端面精确找正法

选用上述 3 种方法之一装夹车刀，用小的背吃刀量车端面，若刀尖与工件中心等高，则工件端面的材料被全部切去；若刀尖高于或低于工件中心，会使端面中心处留有凸台，如此再调整车刀刀尖的高度，使之对准工件中心，直至车削工件端面中心处没有凸台。

三、车刀的紧固

车刀要紧固得稳妥牢靠，至少要有 2 个螺钉紧固。位置正确后，先用手拧紧刀架螺钉，然后再使用专用刀架扳手将前、后两个螺钉轮换逐个拧紧。注意刀架扳手不允许加套管，以防损坏螺钉。

第五节 切 削 液

一、切削液的作用

1. 冷却作用

切削液能吸收并带走切削区域大量的热量，降低刀具和工件的温度，提高了刀具的使用寿命，并能减小工件因热变形而产生的尺寸误差，同时也为提高生产率创造了有利条件。

2. 润滑作用

切削液能渗透到工件与刀具之间，在切屑与刀具的微小间隙中，形成一层很薄的吸附膜，因此可减小刀具与切屑、刀具与工件间的摩擦，减少刀具的磨损，减轻黏结现象和抑制积屑瘤，使排屑顺畅，并提高工件的表面质量。对于精加工，润滑作用就显得更加重要。

3. 清洗作用

车削过程中产生的细小切屑容易吸附在工件和刀具上，尤其是铰孔和钻深孔时，切屑容易堵塞。如加注一定压力、足够流量的切削液，则可将切屑迅速冲走，使切削顺利进行。

二、切削液的分类

车削时常用的切削液有水溶性切削液和油溶性切削液两大类。

1. 水溶性切削液

水溶性切削液有水溶液和乳化液两种：

(1) 水溶液　主要成分是水，并加入防锈剂，也可加入适量的表面活性剂和油性添加剂，使其有一定的润滑作用。

(2) 乳化液　是矿物油、乳化剂及其他添加剂配制的乳化油，加95%～98%（质量分数）的水稀释而成的乳白切削液。这类切削液的比热容大，黏度小，可以吸收大量的切削热。它具有良好的冷却性能和清洗作用。

2. 非水溶性切削液

此类切削液主要是切削油，有各种矿物油，如L－AN15、L－AN32全损耗系统用油，轻柴油、煤油等；动、植物油，如豆油、猪油等；以及加入油性、少量添加剂配制的混合油。它主要起润滑作用。但食油易变质，应尽量少用。

三、切削液的选用

根据工件材料、刀具材料、加工要求、加工方法等因素，应综合考虑、合理选用切削液。

1. 根据工件材料选用

加工钢料时，需要用切削液；而加工铸铁、青铜等脆性材料时，一般不用切削液，原因是细的蹦碎切屑黏附到机床上难于清除，甚至会堵塞冷却系统，易使机床导轨磨损。对于高强度、高温合金等，加工时均处于极压润滑摩擦状态，应选用极压切削油或极压乳化液；对于铜、铝及铝合金，为了能得到较好的表面质量和精度，可选用10%～20%乳化液、煤油等；切削铜时不宜用含硫的切削液，因硫会腐蚀铜；有的切削液与金属形成的化合物强度超过金属本身强度，将会带来相反效果，如铝的强度较低，加工铝就不宜用硫化油；切削镁合金时，不能用切削液，以免燃烧起火；钢料粗加工时，一般采用乳化液，精加工用极压切削油。

2. 根据刀具材料选用

高速钢车刀耐热性较差，粗加工时，切削用量大，切削热多，易导致刀具磨损，应选用以冷却为主的切削液，如3%～5%的乳化液或水溶液；精加工时主要是获得较好的表面质量，可选用高浓度极压乳化液或极压切削油。

硬质合金刀具耐热性好，一般不加切削液。也可用低浓度乳化液或水溶液，但应连续、充分地浇注，这样可以避免高温下刀具冷热不匀，产生热应力而导致裂纹。

3. 根据加工性质选用

钻孔、铰孔和深孔加工等，刀具在半封闭状态下工作，排屑困难，而且导向部分、校正部分与已加工表面摩擦也较重，对硬度高、韧性大的难切削材料更为突出，应选用低黏度的极压乳化液、极压切削油。

第四章　车削工艺基础

第一节　轴、套类零件

一、轴类零件

1. 轴类零件的结构特点与功用

轴类零件是机械加工中常见的典型零件之一。轴类零件根据其结构形状可分为光轴、阶梯轴、空心轴、花键轴和曲轴等。轴类零件是旋转体类零件，其长度大于直径，轴类零件一般由圆柱面、阶台、端面、倒角、圆弧和沟槽等构成，如图 4－1 所示。

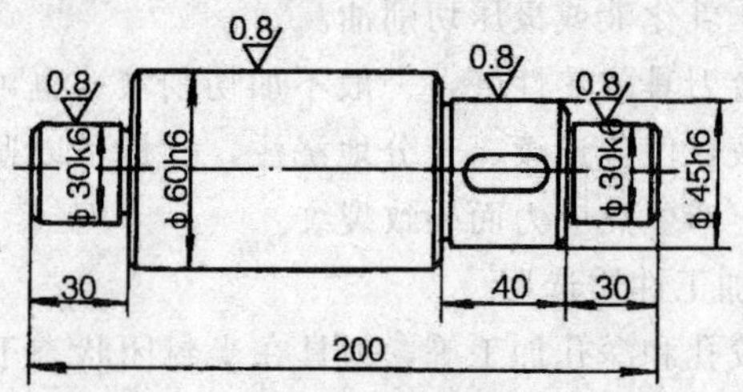

图 4－1　阶梯轴简图

圆柱表面一般用于支承传动零件（如齿轮等）和传递扭矩。

阶台和端面一般用来确定安装在轴上的工件的轴向位置。

退刀槽的作用是使磨削外圆或车螺纹时退刀方便，并可使工件在装配时有一个正确的轴向位置。

倒角的作用一般是消除工件尖角毛刺，便于其他零件的安装。

圆弧的作用是提高轴的强度，消除应力集中，也可避免轴在热处理过程中产生裂纹。

2. 轴类零件的材料与毛坯

轴类零件的材料通常采用中碳钢或中碳合金钢，一般均需经调质、表面淬火以获得一定的强度、硬度、韧性和耐磨性。常用的材料是45钢。对于中等精度而转速较高的轴可选40Cr等，对于在高转速或重载荷等条件下工作的轴，可选用低碳合金钢，如20Cr、40CrMnTi、20Mn2B等。低碳合金钢经渗碳淬火处理后，一方面使心部保持韧性，另一方面使轴工作表面具有较高的耐磨性，但热处理变形较大。若选用38CrMoAlA高效氮化钢，经调质和表面氮化后，有优良的耐磨性和耐疲劳性能，热处理变形小。

轴类零件常用的毛坯是圆钢棒料、锻件或铸钢件。一般光轴或外圆直径相差不大的阶梯轴可采用热轧和冷拉的圆棒料。对直径相差较大或比较重要的阶梯轴，大都采用锻件。对于某些大型的、结构复杂的轴，还可采用铸钢件。

3. 轴类零件的技术要求

(1) 尺寸精度　通常轴类零件的支承轴颈或配合轴颈是轴上精度要求较高的表面，其尺寸精度一般为IT6～IT9级，高精度轴颈要求IT5级。

(2) 形状精度　轴颈的几何形状精度，包括圆度和圆柱度等，一般应控制在直径公差范围内，对于高精度主轴，由于支承轴颈的形状精度直接影响轴的回转精度，所以要求控制在0.005～0.008mm的范围之内。

(3) 相互位置精度　保证配合轴颈相对支承轴颈的同轴度，是轴类零件相互位置精度的普遍要求。为便于检验，常采用圆跳动公差，普通精度的轴配合轴颈对支承轴颈的圆跳动一般为0.01～0.03mm；高精度轴一般为0.001～0.005mm。轴向定位端面或工作端面的端面圆跳动一般为0.008～0.01mm。

(4) 表面粗糙度　支承轴颈和重要工作表面一般表面粗糙度

要求较高，其表面粗糙度值为 R_a1.6～0.2μm，一般非配合表面的表面粗糙度为 R_a6.3～1.6μm。

(5) 热处理要求　根据零件的材料和实际功能，轴类零件常需进行正火、退火、调质和淬火等热处理要求。

二、套类零件

1. 套类零件的结构特点与功用

套类零件是机械中常用的一类零件，它的应用范围很广。套类零件主要由同轴度要求较高的内、外回转表面以及端面、阶台、沟槽等部分组成，零件壁厚较薄易变形，零件长度一般大于直径。它的主要作用是支承、导向、连接以及和轴组成精密的配合等，如图 4－2 所示。

孔是套类零件起支承或导向作用的最主要表面，通常与运动轴、刀具或活塞等相配合。

外圆是套类零件的支承面，常以过盈配合或过渡配合同箱体或机架上的孔相连接。

2. 套类零件的材料与毛坯

套类零件所用材料大部分为低碳钢或中碳钢，少数用合金钢、铸铁、青铜或黄铜等。有些轴套和轴承也常采用双金属结构，一般应用离心浇铸在钢制轴套内壁上浇注锡青铜、铅青铜或巴氏合金等。这样既能节省有色金属，又可提高轴套的使用寿命。材料的选用取决于套筒零件的工作条件。

套类零件毛坯可用锻件、棒料、铸铁或铸钢等。零件毛坯孔径较小的套筒一般选择热轧或冷拉棒料，也可采用实心铸件。孔径较大时，常采用无缝钢管或带孔的铸件和锻件。

3. 套类零件的技术要求

(1) 尺寸精度　孔的尺寸公差等级一般为 IT7 级；精密轴套取 IT6 级；气缸和液压缸由于与其相配的活塞上有密封圈，精度要求较低，通常取 IT9 级。外径尺寸公差等级通常取 IT6～IT7。

(2) 形状精度　孔的形状精度，应控制在孔径公差以内，一些精密套筒控制在孔径公差的1/2～1/3，甚至更严。对于长的套筒，除了圆度要求以外，还应注意孔的圆柱度。外圆的形状精度控制在外径公差以内。

（3）相互位置精度　当孔的最终加工是将套筒装入机座后进行时，套筒内外圆间的同轴度要求较低；若最终加工是在装配前完成，其要求较高，一般为 $\phi 0.01 \sim 0.05$mm。

套筒的端面（包括凸缘端面）若在工作中承受轴向载荷，或虽不承受载荷，但在装配或加工中作为定位基准时，端面与孔轴线垂直度要求较高，一般为0.01～0.05mm。

（4）表面粗糙度　为了保证零件的功用和提高其耐磨性，孔的表面粗糙度值为 $R_a 1.6 \sim 0.16\mu m$，有的要求更高，表面粗糙度值 R_a 可达 $0.04\mu m$；外圆表面粗糙度值 R_a 为 $3.2 \sim 0.63\mu m$。

第二节　机械加工工艺过程的组成

机械加工工艺过程是由一个或若干个按顺序排列的工序组成的，而工序又可分为安装、工位、工步和行程。毛坯依次通过这些工序就成为成品。

一、工序

一个或一组工人，在一个工作地对同一个（或同时对几个）工件所连续完成的那部分加工过程，称为工序。车削图4－2所示的轴套，它的工艺方案很多，现介绍两种：

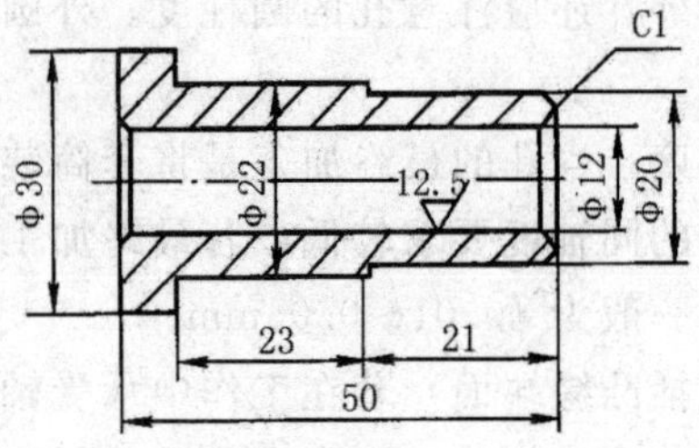

图 4—2 套件

1. 分两道工序（图 4—3，表 4—1）

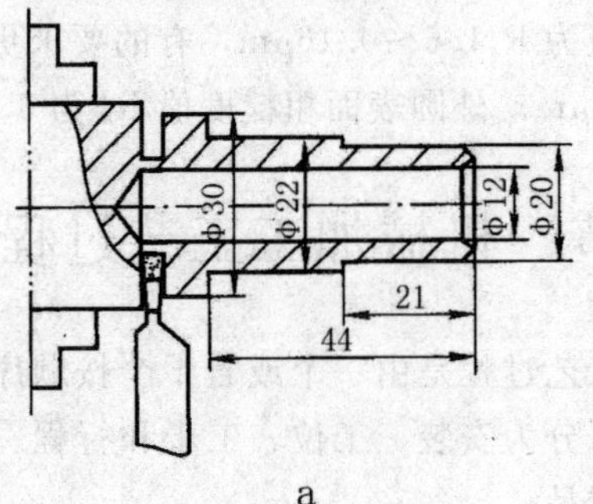

a

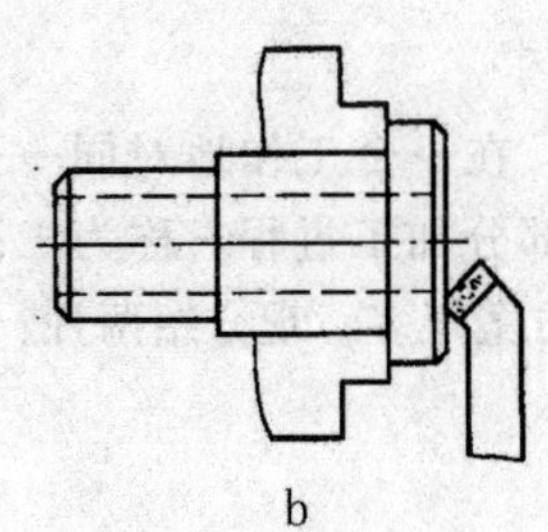

b

图 4—3 分两道工序车削轴套

a. 工序 1 b. 工序 2

表 4—1　分两道工序车轴套

工序序号	工种	工序内容
1	车	车端面、车外圆及台阶、倒角、钻孔、倒角、切断
2	车	车端面、倒角

2. 分四道工序（图 4—4，表 4—2）

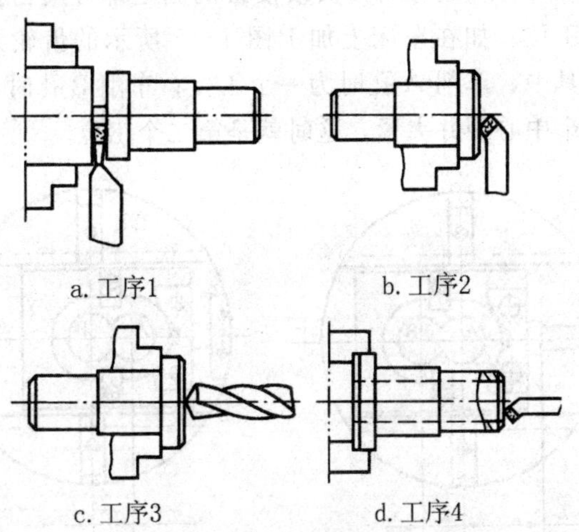

a. 工序1　b. 工序2　c. 工序3　d. 工序4

图 4—4　分四道工序车削轴套

表 4—2　分四道工序车削轴套

工序序号	工种	工序内容
1	车	车端面、车外圆及台阶、倒角、切断
2	车	车端面、倒角
3	车	钻孔、倒角
4	车	倒角

从上面的例子中可以看出，同样的加工必须连续进行，才能算一道工序，如中间有中断，就作为两道工序。

二、安装

在一道工序中，工件在加工位置上，可以只装夹一次，也可装夹几次。工件经一次装夹后所完成的那部分工序称为安装。从上述例子中可看出，第一方案和第二方案中每道工序都只有一次安装。每道工序中，应尽量减少安装次数。因为多安装一次，就多产生一次误差，并且增加装卸工件的辅助时间。

三、工位

为了完成一定的工序部分，一次装夹工件后，工件与夹具或设备的可动部分一起相对刀具或设备的固定部分所占据的每个位置，称为工位。如在车床上加工图 4－5 所示的齿轮泵体，工件装夹在夹具中，车削 A 孔时为一个工位；车削 B 孔时，必须把工件移动一个中心距并夹紧，这时就是第二个工位。

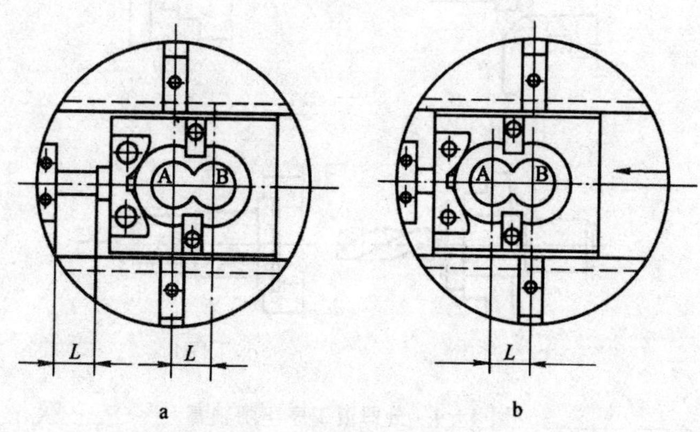

图 4－5 两个工位车削齿轮泵体

a. 工位 1　b. 工位 2

四、工步

在加工表面和加工工具不变的情况下，所连续完成的那部分工序，称为工步。如其中一个（或两个）因素变化，则为另一个工步。如图 4－5b 所示工序 2 中包括下列 2 个工步：车端面、外圆倒角 C 0.5。

五、行程

行程分为工作行程和空行程。工作行程是指刀具以加工进给速度相对工件所完成一次进给运动的工步部分。一个工步可包括一个或几个工作行程。如将 60mm 的外圆车至 40mm，需在直径方向车去 20mm 的余量，车床及车刀等工艺系统的刚度低，不允许一次切除，必须分几次进给，则每次进给运动就是一个工作行程。

空行程是指刀具以非加工进给速度相对工件所完成一次进给运动的工步部分。

第三节 车削工件的基准和定位基准的选择

一、基准

基准就是用来确定生产对象上几何要素间的几何关系所依据的那些点、线、面。基准可分为设计基准、工艺基准两大类。工艺基准又分为定位基准、测量基准和装配基准等。

1. 设计基准

设计图样上所采用的基准，称为设计基准。它是根据零件工作条件和性能要求而确定的。零件的尺寸及相互位置要求，均以设计基准为依据进行标注。图 4－6 所示的机床主轴，各级外圆的设计基准为主轴的轴线。长度尺寸是以端面 B 为依据的，因此轴向设计基准是端面 B。而图 4－7 所示的轴承座，ϕ40H7 孔中心高的设计基准为底平面 A。

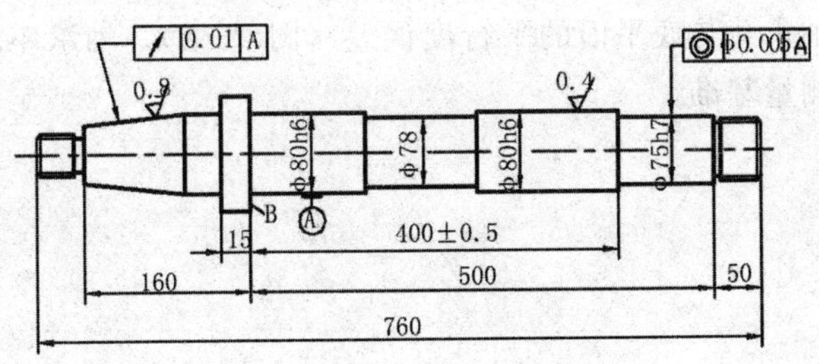

图 4－6 机床主轴

2. 工艺基准

（1）定位基准　在加工中用作定位的基准，称为定位基准。图 4－6 所示的机床主轴，用两顶尖装夹车削和磨削时，其定位基准是两端中心孔。而图 4－7 所示的轴承座，车削 ϕ40H7 孔时以底面作定位的，底面 A 即为定位基准。

（2）测量基准　测量时所采用的基准，称为测量基准。检验图 4－6 所示机床主轴的圆锥面对基准轴线 A 的径向圆跳动，可把外圆 ϕ80h6 安放在 V 形架中，并采用轴向定位，用千分表测量圆锥面的径向跳动，外圆 ϕ80h6 就是测量基准。

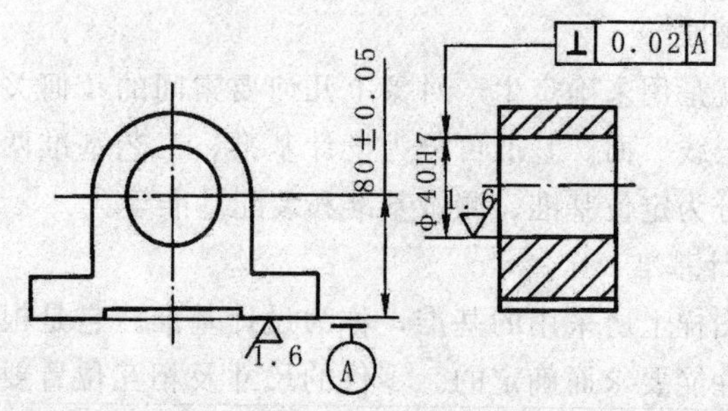

图 4－7　轴承座

图 4－7 所示的轴承座，测量时把工件放在平板上，孔中插入一根心轴，以底平面为依据，用百分表根据量块的高度，用比较测量法来测量中心高（80±0.05mm）；再用百分表在心轴的两端测量轴承孔与底平面的平行度误差（图 4－8），轴承座的底平面就是测量基准。

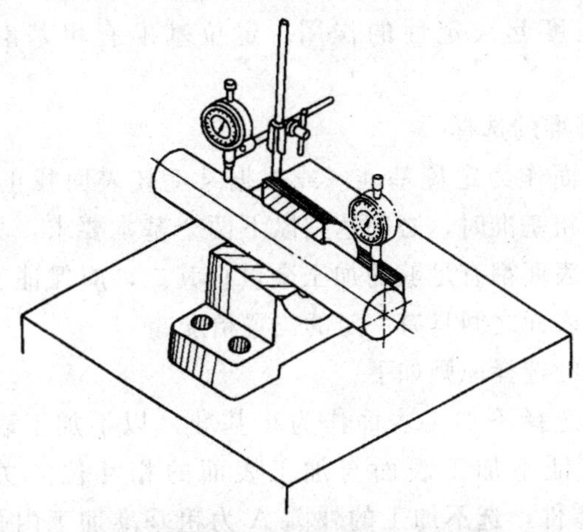

图 4—8 测量轴承座的平行度误差

（3）装配基准 装配时用来确定零件或部件在产品中的相对位置所采用的基准，称为装配基准。

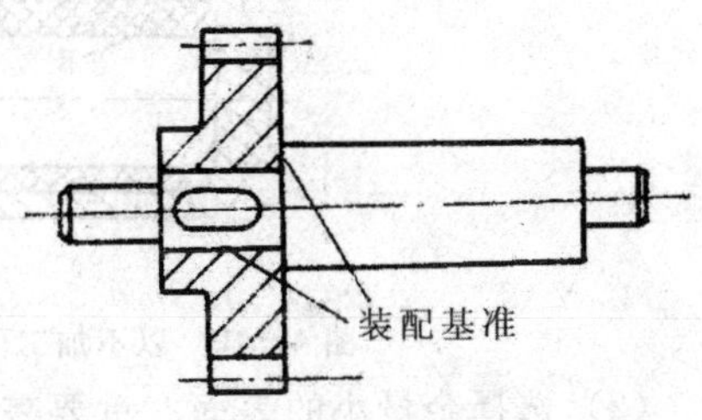

图 4—9 齿轮的主基准——装配基准

在图 4—9 所示的圆柱齿轮装配图中，齿轮内孔为径向装配基准，右端面为轴向装配基准。加工此圆柱齿轮的齿形时，应装夹在心轴上以孔和端面作为测量基准。因此，齿轮轴线和右端面既是设计基准，又是定位基准、测量基准和装配基准，这称为基准重合。基准重合是保证工件和产品质量最理想的工艺手段。

必须指出，作为工艺基准的点和线，总是以具体表面来体现的，这个表面就称为定位基面。图 4—9 所示的圆柱齿轮轴线并不具体存在，而是由内孔表面来体现的，因而内孔和端面就是圆柱齿轮的定位、测量和装配的定位基面。

二、定位基准的选择

在机械加工中，合理选择定位基准对保证工件的尺寸精度和相互位置精度起决定性的作用。定位基准有粗基准和精基准两种。

1. 粗基准的选择

用毛坯面作为定位基准（或根据某毛坯表面找正），称为粗基准。选择粗基准时，必须达到以下两个基本要求：其一，应保证所有加工表面都有足够的加工余量；其二，应保证工件加工表面和不加工表面之间具有一定的位置精度。

粗基准的选择原则如下：

（1）应选择不加工表面作为粗基准　以不加工表面为粗基准，可以保证不加工表面与加工表面的相互位置关系。如图4－10所示零件，选不加工的外圆 A 为粗基准加工内孔 B，则加工后壁厚均匀，内、外圆是同轴的。

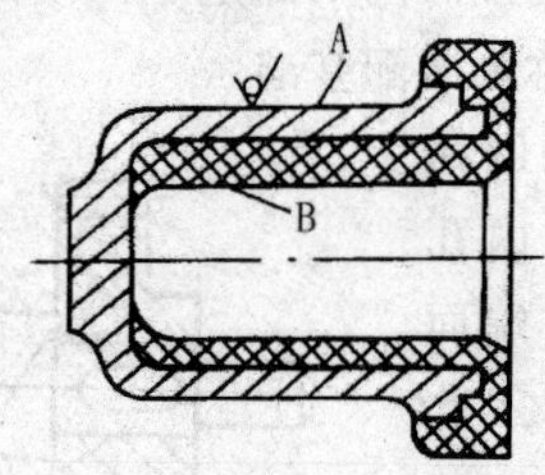

图 4－10　以不加工面为粗基准

（2）选择余量小的表面、重要表面作为粗基准　如图 4－11 所示的阶梯轴，为保证各主要加工表面都有足够的加工余量，应选择毛坯余量最小的 ϕ55mm 外圆为粗基准，如果以 ϕ108mm 表面定位，则由于偏心的存在，在加工 ϕ55mm 外圆时会因余量的不足而使工件报废。

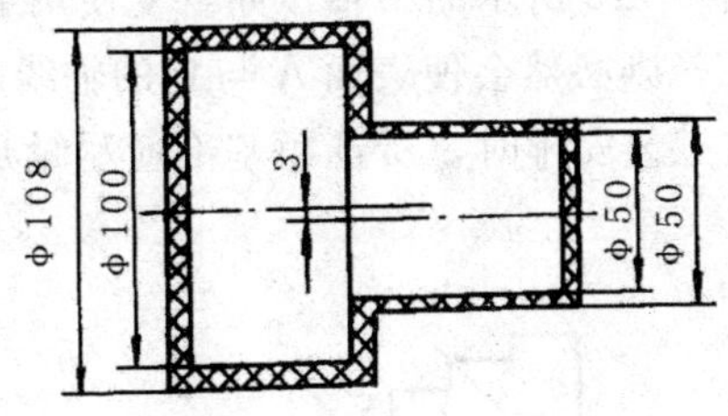

图 4－11　以加工余量小的表面为粗基准

如果某些重要表面要求余量小而均匀，则应以该表面为粗基准。如图 4－12 所示为车床床身零件，其导轨面是重要表面，要求耐磨性好，加工时应先以导轨面为粗基准加工床腿底面，然后再以床腿为精基准加工导轨面，使导轨面加工时切削余量尽可能小而均匀，以保证耐磨的金属表层厚度。

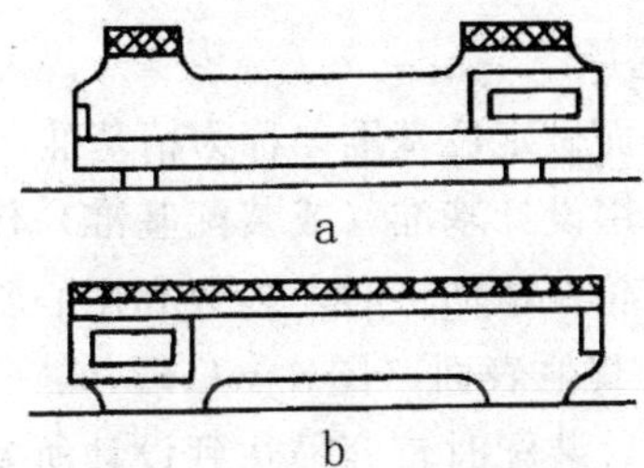

图 4－12　床身加工的粗基准选择

a. 以导轨面为粗基准加工床腿底面

b. 以床腿底面为精基准加工导轨面

（3）应该选用比较牢固可靠的表面作为粗基准，否则会夹坏工件或使工件松动。

（4）粗基准应尽量平整光滑，没有飞边、浇口、冒口、毛刺或其他缺陷，以使工件定位准确、夹紧可靠。

（5）粗基准不能重复使用　在同一方向上，粗基准通常只允许用一次。粗基准是毛坯面，较粗糙，如果二次使用，定位时误差较大。车削图 4－13 所示的小轴，如重复使用毛坯面 B 定位去加工表面 A 和 C，则必然会使表面 A 与 C 的轴线产生较大的同轴度误差。一般在工艺安排时，所选粗基准应尽量加工出下道工序用的精基准。

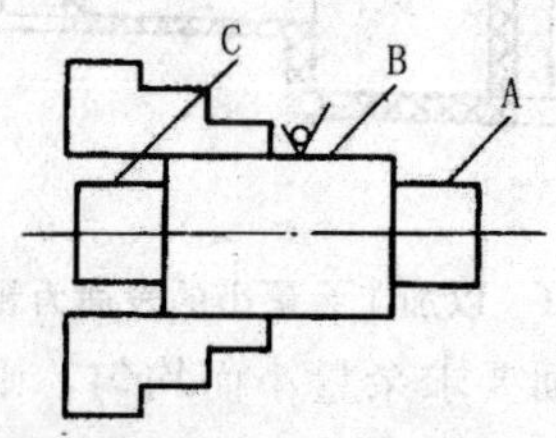

图 4－13　粗基准不重复使用

A、B. 加工面　C. 毛坯面

当然，若毛坯制造精度较高，而工件加工精度要求较低，则粗基准也可重复使用。

2. 精基准的选择

用加工过的表面做定位基准，称为精基准。

(1) 尽可能采用设计基准（或装配基准）作为定位基准　一般的套、齿轮和带轮在精加工时，多数利用心轴以内孔作为定位基准来加工外圆及其他表面（图 4－14a、b、c）。这样，定位基准与装配基准重合，装配时较容易达到设计所要求的精度。在车配卡盘的联接盘时（图 4－14d），一般先车好内孔和螺纹，然后把它旋在主轴上再车配安装卡盘的凸肩和端面，这样容易保证卡盘和主轴的同轴度。

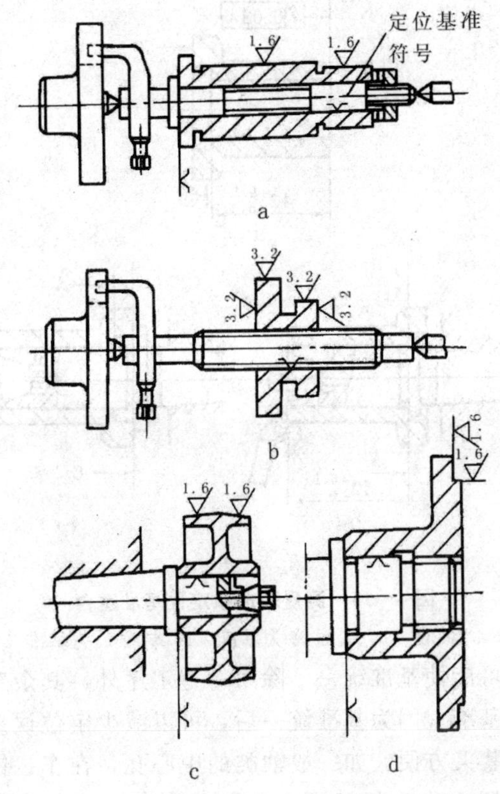

图 4－14　设计基准（或装配基准）和定位基准重合

a. 套类零件的定位　b. 齿轮的定位　c. 带轮的定位　d. 联接盘的定位

（2）尽可能使定位基准和测量基准重合

图 4－15a 所示的套，长度尺寸及公差要求是端面 A 和 B 之间的距离 $42^{0}_{-0.02}$mm，测量基准为 A。用图 4－15b 所示心轴加工时，因为轴向定位基准是 A 面，这样定位基准跟测量基准重合，使工件容易达到长度公差要求。如果用 C 面作为长度定位基准（图 4－15c），由于 C 面和 A 面之间也有一定误差，则很难保证长度要求。

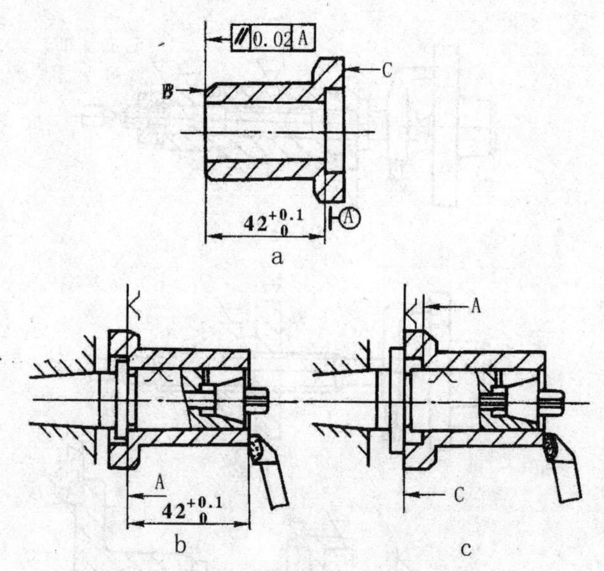

图 4－15　测量基准和定位基准重合

a. 轴套　b. 端面 A 为基准　c. 端面 C 为基准

（3）尽可能使基准统一　除第一道工序外，其余工序尽量采用同一个精基准。因为基准统一后，可以减少定位误差，提高加工精度，使装夹方便。如一般轴类的中心孔，在车、铣、磨等工序中，始终用它作为精基准。又如齿轮加工时，先把内孔加工好，然后始终以孔作为精基准。

必须指出，当本原则跟上述原则（2）相抵触而不能保证加工精度时，就必须放弃这个原则。

（4）选择精度较高、装夹稳定可靠的表面作为精基准，并尽可能选用形状简单和尺寸较大的表面作为精基准，这样可以减少定位误差和使定位稳固。图 4－16a 所示的内圆磨具套筒，外圆长度较长，形状简单，而两端要加工的内孔长度较短，形状复杂，在车削和磨削内孔时，应以外圆作为精基准。

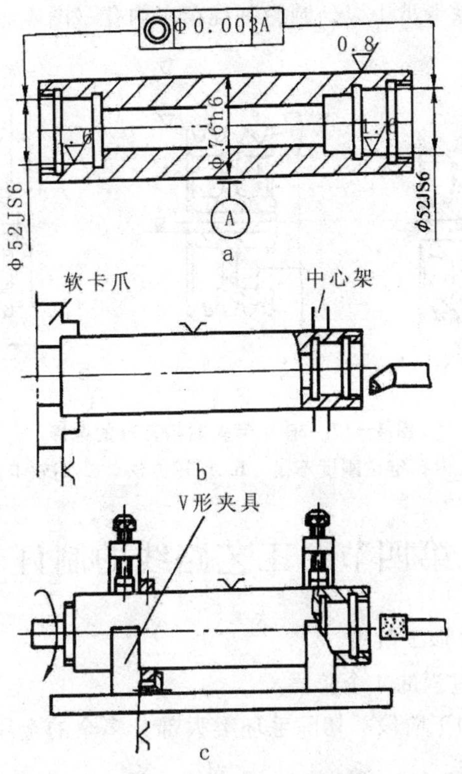

图 4－16　以外圆为精基准

a. 套面　b. 车削内孔　c. 磨削内孔

车削内孔和内螺纹时，应该一端用软卡爪夹住，一端搭中心架，以外圆作为精基准（图 4－16b）。磨削两端内孔时，把工件装夹在 V 形夹具（图 4－16c）中，同样以外圆作为精基准。

又如内孔较小、外径较大的 V 带轮，就不能以内孔装夹在心轴上车削外缘上的 V 形槽。这是因为心轴刚度不够，容易引起振动（图 4－17a），并使切削用量无法提高。因此，车削直径较大的 V 带轮时，可采用反撑的方法，（图 4－17b）使内孔和各条 v 形槽在一次装夹中加工完毕。或先把外圆、端面及 V 形槽车好后，装夹在软卡爪中以外圆为基准精车内孔（图 4－17c)。

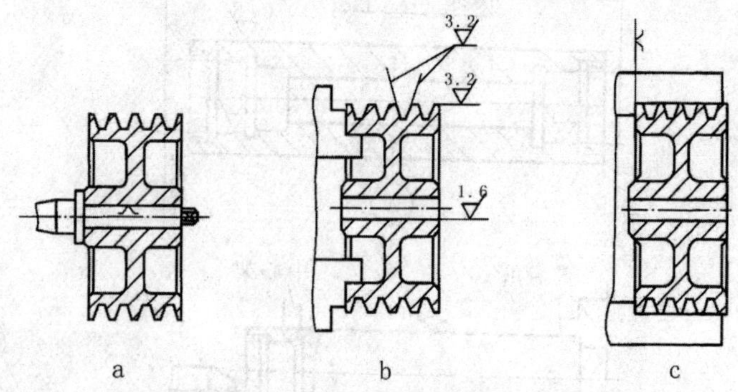

图 4－17　车 V 带轮时精基准的选择

a. 内孔定位刚度不足　b. 反撑方法　c. 用软卡爪

第四节　工艺路线的制订

一、划分加工阶段

1. 工艺过程的 4 个阶段

（1）粗加工阶段　切除毛坯上大部分多余的金属，主要目标是提高生产率。

（2）半精加工阶段　使主要表面达到一定的精度，留有一定的精加工余量，并可完成一些次要表面加工，如扩孔等。

（3）精加工阶段　保证各主要表面达到规定的尺寸精度和表面粗糙度要求，主要目标是全面保证加工质量。

（4）光整加工阶段　对工件上精度和表面粗糙度要求很高的表面，需进行光整加工，主要目标是提高尺寸精度、减小表面粗糙度。此阶段一般不能用来提高位置精度。

2. 划分加工阶段的目的

（1）保证加工质量　按加工阶段加工，粗加工造成的加工误差可以通过半精加工和精加工来纠正。

(2) 合理使用机床　粗加工可采用功率大、刚度高、效率高而精度低的机床。精加工可采用高精度机床。这样发挥了设备各自的特点，既能提高生产率，又能延长精密设备的使用寿命。

(3) 便于及时发现毛坯缺陷　对毛坯的各种缺陷，如铸件的气孔、夹砂和余量不足等，在粗加工后即可发现，便于及时修补或决定报废。

(4) 便于热处理工序的安排　粗加工后，一般要安排去应力热处理，以消除内应力。精加工前要安排淬火等最终热处理。

加工阶段的划分也不应绝对化，应根据工件的质量要求、结构特点和生产批量灵活掌握。

二、切削加工工序的安排

1. 先基面后其他

用作精基准的表面应优先加工出来，因为定位基准的表面越精确，装夹误差就越小。如加工轴类工件时，总是先加工中心孔，再以中心孔为基准加工外圆表面和台阶。

2. 先粗后精

各个表面的加工顺序按照：粗加工→半精加工→精加工→光整加工的顺序依次进行，逐步提高表面的加工精度并减小表面粗糙度。

3. 先主后次穿插进行

工件的主要表面、装配基面应先加工，从而及早发现毛坯中主要表面可能存在的缺陷。次要表面可穿插进行，放在主要加工表面加工到一定程度后，精加工之前进行。

4. 先面后孔

对复杂工件，一般先加工平面再加工孔。一方面平面定位，稳定可靠；另一方面在加工过的平面上加工孔比较容易，并能提高孔的加工精度，特别是钻出的孔轴线不易偏斜。

三、热处理工序的安排

根据不同的热处理目的，一般将热处理工序分为预备热处理和最终热处理，具体内容见表 4—3。

表 4—3 热处理工序简介

<table>
<tr><th>工序</th><th>工艺</th><th>工艺代号</th><th>应　用</th><th>工序位置安排</th><th>目　的</th></tr>
<tr><td rowspan="4">预备热处理</td><td>退火</td><td>5111</td><td rowspan="2">用于铸铁或锻件毛坯，以改善其切削功能</td><td rowspan="2">毛坯制造后，粗加工之前进行</td><td rowspan="4">改善材料的力学性能，消除毛坯制造时的内应力，细化晶粒，均匀组织，并为最终热处理准备良好的金相组织</td></tr>
<tr><td>正火</td><td>5121</td></tr>
<tr><td>低温时效</td><td></td><td>用于各种精密工件，消除切削加工的内应力，保持尺寸的稳定性，对于特别重要的高精度的工件要经过几次低温时效处理。有些轴类工件在校直工序后，也要安排低温时效处理</td><td>半精车后，或粗磨、半精磨以后</td></tr>
<tr><td>调质</td><td>5151</td><td>调质工件的综合力学性能良好，对某些硬度和耐磨性要求不高的工件，也可作最终热处理</td><td>粗加工后、半精加工之前</td></tr>
<tr><td rowspan="3">最终热处理</td><td>淬火</td><td>5131</td><td>适用于碳结构钢。由于工件淬火后，表面硬度高，除磨削和线切割等加工外，一般方法不能对其切削</td><td>半精加工后、磨削加工之前</td><td rowspan="3">提高工件材料的硬度、耐磨性和强度等力学性能</td></tr>
<tr><td>渗碳淬火</td><td>5310—131</td><td>适用于低碳钢和低合金钢(如 15、15Cr、20、20Cr等)，其目的是先使工件表层含碳量增加。然后经淬火使表层获得高的硬度和耐磨性。而心部仍保持一定的强度和较高的韧性和塑性。渗碳淬火还可以解决工件上部分表面不淬硬的工艺问题</td><td>半精加工与精加工之间</td></tr>
<tr><td>渗氮</td><td>5330</td><td>渗氮是使氮原子渗入金属表面，从而获得一层含氮化合物的热处理方法。渗氮层较薄，一般不超过 0.6～0.7mm。渗氮后的表面硬度很高，不需淬火</td><td>精磨或研磨之前</td></tr>
</table>

四、辅助工序的安排

辅助工序主要包括零件的检验、清洗、去毛刺、探伤、去磁、倒棱边、涂防锈油和平衡等。辅助工序对产品的质量、外观、性能和寿命起着重要作用。其中检验工序是主要的辅助工序，是保证产品质量的主要措施之一，一般安排在粗加工之后、精加工之前、重要工序之后、工件在不同车间之间转移前后和工件全部加工结束后进行。

五、工序余量的确定

工件相邻两工序的工序尺寸之差，称为工序余量（加工余量）。选择毛坯时表面应留的加工余量称为毛坯余量。如粗车后，要在直径上留 1mm 余量精车，这个 1mm 就是精车余量；又如精车后要留 0.4mm 磨削，0.4mm 是磨削余量。

在加工中必须确定适当的工序余量。如淬火工件，磨削余量留得太多，磨削时容易使工件表面退火；余量太少，又往往因工件淬火后变形等原因，下道工序无法把上道工序的痕迹切除而使工件报废。

工序余量一般采用查表方法获得。轴类工件毛坯在长度上的工序余量不宜留得过大。

第五节　切削用量的确定

切削用量是在选择好刀具材料和几何角度的基础上，确定背吃刀量 a_p、进给量 f 和切削速度 v_c。确定切削用量的原则，是在保证加工质量、降低成本和提高生产率的前提下，使 a_p、f、v_c 的乘积最大。

1. 粗加工时切削用量的选择

粗加工时的切削用量，应当是在快速切除工件上多余的坯料并留出一定的精加工余量的前提下，优先考虑采用大的背吃刀量，然后是大的进给量，最后选取一定的切削速度。

粗车时的切削用量一般选：

背吃刀量（a_p）为 1～4mm；进给量（f）取 0.3～0.8mm/r；切削速度（v_c）取：用硬质合金车刀车削钢料时为 50～60m/min，车削铸铁工件时为 40～50m/min。

粗车后可达到的公差等级为 IT13～IT12，表面粗糙度为 R_a12.5～6.3μm。粗车后应留有 0.5～1mm 的精加工余量。

2. 精加工时切削用量的选择

精加工时的切削用量，应当考虑到保证工件的尺寸和表面粗糙度符合图样要求，采取较大的切削速度和进给量，然后以较小的背吃刀量进行车削，以获得好的切削效果。

精车时切削用量一般选：

背吃刀量（a_p）为 0.3～0.5mm，低速光刀取 0.05～0.10mm；进给量（f）为 0.05～0.2mm/r；切削速度（v_c）取：用硬质合金车刀车削钢料时取 100～200m/min；车削铸铁时取 60～100m/min；低速光刀取 20～40m/min。

精车后可达到的公差等级为 IT9～IT7，表面粗糙度可达 R_a1.6～0.8μm。